I0040236

BIBLIOTHÈQUE ILLUSTRÉE DU SPORTSMAN

POUR CHASSER

LA BÉCASSE

PAR

G. DUWARNET

PARIS

LIBRAIRIE CENTRALE D'AGRICULTURE ET DE JARDINAGE
RUE DES ÉCOLES, 62, PRÈS LE MUSÉE DE CLUNY
— Auguste GOIN, Éditeur —

POUR CHASSER

LA BÉCASSE

ÉVREUX, IMPRIMERIE DE A. HÉRISSEY.

POUR CHASSER
LA BÉCASSE

PAR

Gᵛᵉ DUWARNET

PARIS

LIBRAIRIE CENTRALE D'AGRICULTURE ET DE JARDINAGE

RUE DES ÉCOLES, 62, PRÈS LE MUSÉE DE CLUNY

— Auguſte GOIN, Éditeur —

AVANT-PROPOS

J'ai voulu écrire l'histoire de la Bécasse, dire ses mœurs, ses voyages, la finesse de sa chasse, les joies qu'elle procure, et exciter les néophytes, les jeunes fusils, à ce sport spécial qui compte si peu d'adeptes.

J'apporte ici la somme de mes observations, recueillies chaque automne et chaque printemps, pendant longues années. Je n'ai pas l'outrecuidance de faire fi de l'expérience des autres. Je butine partout, j'emprunte beaucoup et je cite mes sources; mais je rejette les idées vieillies que dément la science actuelle.

La chasse à la Bécasse m'a de tout temps passionné et, à l'époque favorable, je l'ai presque toujours exclusivement pratiquée.

Tous les perdreaux, tous les faisans du monde, n'eussent pu me faire oublier en novembre l'oiseau à livrée sombre qui se fait jusqu'aux gelées l'hôte silencieux de nos forêts. C'est comme chasseur de Bécasses que j'écris ce petit livre, où je mets tout ce que j'ai vu, tout ce que j'ai appris.

POUR CHASSER LA BÉCASSE

LA BÉCASSE

SON ARRIVÉE

La Bécasse *(Scolopax rusticola)* fait son apparition en France vers la fin d'octobre. Degland, dans son *Ornithologie européenne*, fixe comme date du 20 au 28 de ce mois; mais ce qu'on peut vraiment appeler le passage, celui où elle arrive par grandes bandes, a lieu dans les quelques jours qui suivent la Toussaint. J'en demande pardon à tous les proverbes, à tous les dictons de chasse, tels que :

> A la Saint-Michel,
> Bécasse tombe du ciel.

Ou bien encore :

La nuit de Saint-Michel,
Au ciel
Quand il y a brume,
Il y a plume.

Je n'accorde guère plus de confiance à ce dernier, plus répandu :

A la Saint-Denis,
Bécasse en tous pays.

Si je pouvais faire un aphorisme en négligeant la rime, je dirais : A la Saint-Hubert (3 novembre), Bécasse en tous pays ! Le passage est alors dans son plein. Il se termine suivant le temps, vers la seconde moitié de novembre. Alors chaque oiseau a fait choix du terrain qui doit lui fournir sa nourriture, et s'y fixe jusqu'au jour où la terre durcie par la gelée ou couverte par la neige le forcera de gagner les zones plus tempérées du continent.

Quoi qu'en aient dit Buffon et beaucoup d'autres, la Bécasse nous arrive par troupes, quelquefois considérables. L'opinion de ces auteurs, qui a été battue en brèche par les plus récents écrivains sur la matière, était basée sur cette idée que les Bécasses n'émigraient pas, qu'elles ne faisaient seulement que descendre des montagnes où elles avaient fait leur ponte, pour se répandre ensuite isolément dans les pays limitrophes.

L'inventeur de ce système est Belon, dont le livre, publié en 1555, est notre plus vieux traité d'ornithologie. Il dit : « La Bécasse est « oyseau se tenant l'été ès hautes montaignes « des Alpes, Pyrénées, Souisse, Savoye, Auver- « gne, où les avons souvent vues en temps d'été. « Mais elles se partent l'hiver pour venir cher- « cher pâture ça bas par les plaines et bois « taillis. » Il était plus facile de jurer sur la parole du maître que de vérifier son opinion. C'est ainsi qu'il y a peu de temps encore, on croyait que la Bécasse n'émigrait pas ; car il n'y a migration que quand il y a déplacement du nord au sud ou du sud au nord. Or, le fait de descendre des Vosges, des sommets de la Savoie ou de la Suisse, pour de là se répandre à une latitude égale, ne constitue pas une mi- gration ! Quant à l'arrivée *isolée ou au plus par couples, et jamais par troupes,* ainsi que l'af- firme Buffon, cette assertion est démentie chaque année par les faits.

La première autorité qui mentionne l'arrivée des Bécasses par grands vols, c'est Magné de

Marolles. Il rapporte qu'un garde, dans une terre du Maine, en tua dix-huit par une matinée, dans un bois, où il en rencontra plus de quatre-vingts ; qu'un chasseur d'Abbeville, un jour de Toussaint, en tua dix dans un petit bois où il s'en trouvait quatre fois autant. J'ai ouï conter par un garde de la forêt de Toucques, près Trouville, qu'il s'était trouvé au centre d'une bande de Bécasses que la détonation de son arme fit partir comme une volée de pigeons. Ce fait du reste est unique dans sa longue carrière de chasseur de Bécasses.

Temminck, Degland, combattent aussi l'opinion de Buffon. D'Houdetot n'y oppose pas des raisons moins puissantes. Il assiste et prend part chaque année, écrit-il, aux tueries qui se font de ces oiseaux sur les côtes de l'Océan. Il les trouve dans des bois qui la veille n'en contenaient pas un seul. La nuit venant mettre fin à la chasse, les bois redeviennent le lendemain déserts et inhabités. Comment expliquer autrement que par un passage en masse, cette agglomération d'oiseaux sur un même point, et leur disparition simultanée? Dira-t-on qu'arrivant de tous côtés, ils se rencontrent par hasard dans le même endroit? La preuve la plus certaine de

leur migration par bandes, c'est leur disparition simultanée. S'ils voyageaient solitaires, le
hasard, un grand hasard, pourrait en réunir un
certain nombre, mais le départ s'opérerait isolément. Ils s'en iraient donc un par un et dans
toutes les directions, comme ils seraient arrivés. Dans ce cas, le lendemain la contrée n'en
serait pas absolument veuve.... Il y aurait des
retardataires! Quand les oiseaux émigrent isolément, jamais le pays qui se trouve sur leur
passage n'en est complétement privé. Celui qui
passe est remplacé par un autre, et incessamment. Il en est ainsi pour les becs fins et les
granivores dont le passage est sans intermit-
tences.

Pour les Bécasses, elles arrivent par flots et
couvrent une très-large zone. Elles séjournent
juste le temps nécessaire à la réparation de
leurs forces, une journée seulement, si le
vent est favorable, et elles reprennent leur
course à l'arrivée de la nuit. Le crépuscule
venu, tous ces individus reçoivent simultané-
ment le signal du départ et s'élancent silencieux, pour ne s'arrêter qu'aux premières
clartés du matin.

Un vieux braconnier de ma contrée, fort

intelligent et fort observateur, vit de ses yeux l'arrivée d'une bande en migration. Il était en terrain défendu, et les premières lueurs de l'aube l'invitaient à la retraite, quand une Bécasse vint raser sa tête et s'abattit non loin de lui. Il était à la lisière d'un bois, sur une côte dominant la vallée. Une deuxième, puis une troisième, succédèrent à la première. Elles arrivaient à tire-d'aile, et, aussitôt le bois atteint, elles se laissaient tomber à pic. En quelques minutes, il en vit ainsi une quinzaine. Elles semblaient effrayées d'être surprises par le jour, et faisaient force d'ailes pour arriver au bois où elles pourraient se cacher.

M. Hardy, de Dieppe, vit au Havre, sur les côtes de la Hève, tuer une soixantaine de Bécasses arrivées la nuit précédente, et qui, surprises aussi par le jour, sans doute, s'é-taient jetées dans tous les buissons, les haies, les ajoncs, partout enfin où il y avait une cachette possible. Il y retourna le lendemain et ne put trouver à tirer *une* cartouche. Dans ces jours de manne pour le chasseur, ce malheureux oiseau, fatigué d'un long vol, surpris par la clarté du jour, tombe au premier endroit venu. On est tout étonné alors de le voir s'envoler d'une haie, d'un jardin, d'une touffe d'herbe sur une promenade publique. On en a rencontré jusqu'au milieu des ballots qui encombrent les quais du Havre. C'est sans doute l'observation de ces faits qui a fait dire à Aristote : *Gallinago per sepes hortorum sæpe capitur.*

PAR QUELS VENTS ELLE PASSE

Les vents d'automne qui nous les amènent sont surtout ceux du nord-est et du sud-est. (Le nord plein nous en donne beaucoup moins que le nord-est, les oiseaux de petit vol, comme la caille, aimant seuls à voyager vent arrière. Le sud plein est moins favorable que le sud-est, la marche vent debout exigeant une plus grande dépense de force.)

Quand vers la Toussaint les vents se fixent à une de ces directions, vous pouvez être certain que le passage sera bon. Une condition qui le favorise, c'est la sérénité des nuits. Je n'entends pas parler d'une nuit transparente, d'un clair de lune. Ce dernier état de l'atmosphère est un obstacle, au contraire, et, suivant d'Houdetot, retarde le passage tant que la lune brille. Une nuit sereine est calme, légèrement voilée de vapeurs; le ciel est pur, mais dans l'atmosphère vole une petite brume qui fait écran entre la terre et les espaces supérieurs. La Bécasse, dans sa course, n'aime pas la vue des terres au-dessus desquelles elle passe. C'est par ces temps qu'elles nous arrivent. Mais si le vent souffle à une orientation qui n'est pas celle que j'ai indiquée, il y a lieu de croire que le passage n'aura pas lieu, ou que les résultats en seront à peu près nuls.

Elle nous vient du nord et du nord-est; et comme elle appartient à l'ordre des rameurs qui peuvent voler vent debout, ou bien vent grand largue, c'est-à-dire le vent sous l'aile, il lui faut préférablement, pour franchir la mer, et faire une heureuse traversée afin d'arriver en France, si elle vient d'Islande, des Orcades, des Hébrides ou d'Angleterre, il lui faut, dis-je, le *meilleur vent,* c'est-à-dire celui du nord-est, si elle appartient à la petite espèce. Elle émigrerait encore, mais moins aisément, par le vent de nord plein ou d'est. La grosse espèce passe mieux par celui du sud-est que par celui du sud plein. La première volera ainsi poussée obliquement, et légèrement appuyée sur le côté gauche; la seconde, grâce à son

aile plus forte, aura aussi le vent sur la gauche, mais presque en face : c'est ainsi qu'elle
voyage le mieux. Si elle vient de Suède, de
Norwége, des bords de la Baltique, de Russie
ou d'Allemagne, comme la mer et ses tourmentes ne sont plus à craindre, elle opérera
son passage par tous les vents, du nord, du
nord-est, de l'est, du sud-est et du sud plein,
suivant qu'elle appartient à l'une ou à l'autre
des deux catégories spécifiées : néanmoins elles
nous arrivent beaucoup plus nombreuses par
ceux de nord-est et de sud-est; elle volera
donc de la sorte l'aile gauche appuyée, cédant
au souffle, et suivant une ligne obliquant du
nord-est au sud-ouest, ayant un peu le bec dans
le vent qui la frappe à gauche, en falle. Nord,
est, et surtout nord-est, sud et surtout sud-est,
tels sont les vents qui permettent à l'observateur de prophétiser l'arrivée de cet oiseau. En
examinant à la tombée du jour où est placé le
vent, on peut dès le soir faire ses préparatifs
pour le lendemain. On comprend par ce qui
précède la situation exceptionnellement favorable des contrées qui avoisinent l'Océan dans
un certain périmètre. C'est là, près des côtes,
que vient aboutir un double courant, composé

d'abord de l'émigration anglaise qui, ayant touché la terre ferme, gagne le Midi perpendiculairement, en longeant le littoral à une distance plus ou moins rapprochée ; en second lieu, des bandes qui, parties de Norwége, de Russie, du Danemark, de Hollande, de Belgique, etc., etc., cédant trop au vent et se détachant du noyau migrateur, arrivent à atteindre les côtes de l'Atlantique, et, comme les premières, descendent au sud en suivant la perpendiculaire.

Dans les hivers qui débutent par des vents persistants de l'ouest, du nord-ouest ou du sud-ouest, les Bécasses de la terre ferme ne renoncent pas au voyage, mais elles suivent une direction différente. Ces vents leur font obstacle, et elles se montrent rares. C'est à tort qu'on en conclut qu'elles hivernent dans les contrées où elles ont passé l'été. Cette hypothèse est inadmissible, scientifiquement parlant. Quelles que soient les variations climatériques, l'époque du passage arrivée, les oiseaux migrateurs ne restent jamais sédentaires. Il faut qu'ils partent. Tout leur dit qu'ils doivent quitter leur patrie d'été, pour des climats plus cléments où ils n'ont pas à craindre le manteau de frimas des régions septentrionales. Cet instinct de migrativité est si puis-

sant, si irrésistible, que les oiseaux élevés en
volière et qui n'ont jamais connu la liberté
éprouvent eux-mêmes, l'époque venue, une
agitation, une inquiétude, une fièvre qui n'a
de terme que celui du passage.

La Bécasse, comme tous les oiseaux du
Nord, est soumise à cette loi. Le jour venu, il
faut qu'elle parte ; et si vous ne la voyez que
par très-petits groupes, tenez pour certain que
vous n'avez qu'un faible détachement des gros
bataillons qui suivent un autre chemin. Tout
passe à l'est, à l'abri du Jura, des Vosges, et
surtout des grands massifs alpins. Cette observation ne s'applique pas seulement à la Bécasse,
mais encore à tous les autres oiseaux de passage. Et cela est si vrai, que les naturalistes
français, dans ces années de pénurie, ne pouvant s'approvisionner de certaines espèces, les
demandent avec certitude à leurs correspondants de Suisse qui les ont en abondance.

Pour ce qui concerne ce fait, j'en eus moi-
même la preuve en 1870. J'étais en Savoie ;
j'avais pour hôte un chasseur de Bécasses passionné : c'était son gibier d'affection. Je lui
contai que notre chasse de novembre et dé-
cembre 1869 avait été presque nulle, les vents

ayant particulièrement soufflé de l'ouest, et je lui demandai si, dans son pays, le passage n'avait pas été très-bon. Parfaitement, me répondit-il, la Bécasse a été très-abondante ; il y a longtemps que nous n'avons été aussi favorisés.

On reconnaît deux sortes de Bécasses, naturalistes et chasseurs s'accordent sur ce point : la grosse et la petite.

La première, la grosse, est appelée Auvergnate, Savoyarde, Grosse brune.

La seconde, la petite, est appelée, suivant les pays, Nordette, Martinet, Suétine.

La première, dont l'aile est plus vigoureuse, passe par les vents du sud ou mieux du sud-est. Quand le vent souffle de cette orientation, le passage est presque exclusivement composé de cette espèce.

La seconde, par les vents du nord, de l'est ou préférablement du nord-est : c'est ce qui lui a valu le surnom de Nordette.

Dans les pays où toutes ensemble elles ont passé l'été, chacune attend son vent. Les grosses, les fortes, volent vent en face ou presque en face. Les petites, dont le fouet d'aile n'a pas la vigueur persistante des premières, veulent une haleine qui les aide, et elles attendent qu'elle souffle favorable.

Lorsque la Bécasse quitte ses cantonnements d'hiver pour regagner le nord et s'y reproduire, dans des conditions normales de température, elle repasse dans le milieu de mars. Si au contraire le printemps est tardif, si l'hiver se prolonge, elle diffère son départ. Elle attendra la fin du mois. Son retour s'opérera à l'aide des vents qui l'ont amenée, mais avec inversion : les grosses profiteront du vent du nord et surtout du nord-est, elles piqueront dans le vent; les petites, celui d'est ou préférablement du sud-est, pour avoir un auxiliaire à leurs ailes. Mais s'il souffle de l'ouest (nord ou sud), l'émigration s'éloignera des côtes, ira passer à l'abri des montagnes, par les défilés des Cévennes, du Jura, des Vosges et des Alpes. C'est pour elles la façon la plus sûre de voyager.

Elle passe habituellement la nuit, quoiqu'il ne soit pas sans exemple qu'on en ait vu passer le jour. De Marolles rapporte que le 12 septembre 1773, un paysan des environs d'Évreux en tua une dans une bande de cinquante ou soixante qui passait en plein jour au-dessus de sa tête. Ces dernières années un garde des environs de

Dieppe, se trouvant sur les falaises, vit arriver du large, et à une très-grande hauteur, un vol d'oiseaux qui s'abattit dans une pièce d'ajoncs. C'étaient des Bécasses. On pourrait citer d'autres observations qui confirment le même fait; mais la rareté de ces remarques fait voir qu'il n'y a là qu'une exception à la règle générale, qui est la *migration nocturne*.

D'OÙ VIENT-ELLE ?

Il est des écrivains cynégétiques qui prétendent que la Bécasse nous arrive d'Amérique. Toussenel, entre autres, est celui qui fixe le plus hardiment son point de départ.

Il est dit dans le *Monde des Oiseaux :* « Elle « descend avec les grands froids dans les plaines « et passe avec aisance d'Amérique en Afrique, « par-dessus la France, l'Italie et l'Espagne. « Aucun oiseau n'a plus que la Bécasse la pas « sion des voyages. »

.D'Houdetot (*Chasseur rustique*), sans se dire certain, ne s'éloigne pas de l'idée qu'elle pourrait arriver d'outre-mer.

« D'où viennent les Bécasses ? dit-il. Ah ! « vous ne le savez pas ! ni moi non plus, ni « d'autres encore plus savants que nous !

« Enfin de ce que les Bécasses viennent par

« le vent d'est, serait-ce une raison pour qu'elles
« ne vinssent pas de l'ouest ou du sud-ouest, peu
« importe ; de l'Afrique, de l'Amérique du sud,
« des Antilles, du Mexique où elles reparaissent
« périodiquement, laissant çà et là, comme en
« Europe, quelques traînards, quelques couvées
« pour de là continuer leur tour du monde? On
« les signale partout, excepté au pôle nord ! »

Dans un autre ouvrage, il perd la désinvol-
ture avec laquelle il a précédemment traité une
grave question d'histoire naturelle. Il est loin
d'être aussi affirmatif : il ne revendique plus que
l'honneur d'avoir le premier désigné les vents
sous l'impulsion desquels elle voyage. Il termine ainsi : « A l'égard de la Bécasse, bien
« nous a pris de ne pas avoir cherché à mieux
« préciser le lieu d'où elle vient, d'Amérique ou
« d'ailleurs (du septentrion), ne doutant pas
« toutefois qu'elle ralliât les Iles-Britanniques
« avant d'effectuer son débarquement sur nos
« côtes; mais nous affirmons, et sur ce point
« aucune incertitude n'est permise, que la Bé-
« casse arrive par mer [1]. »

Puis, continuant, il raconte l'arrivée de

[1] *Contre-braconnage.*

ces oiseaux à Heligoland, petite île de la mer
du Nord, à l'embouchure de l'Elbe. Le jour où
le premier est signalé, l'île est en fête, tout le
monde quitte ses travaux pour courir sus aux
pauvres voyageuses si harassées qu'elles se
laissent saisir sans presque chercher à fuir.

Ainsi, Toussenel affirme qu'elle arrive d'Amérique; d'Houdetot, qui ne nie pas qu'elle en
puisse venir, et qui, au fond, doit le croire,
affirme qu'elle arrive par mer *et non autrement*.

L'opinion de ces auteurs se heurte aux faits
acquis par la science, à savoir, qu'il ne s'opère
de migration d'Amérique en Europe que par
quelques rares espèces océaniennes. Celles qui
exécutent annuellement ce passage partent non
pas des régions tempérées du continent améri-
cain, mais de sa partie la plus septentrionale,
le Groënland. De cette terre elles cinglent vers
l'Islande qui est leur première escale, s'y reposent et y réparent leurs forces que les absti-
nences forcées du voyage ont affaiblies.

Les îles Feroë sont leur seconde station, et
de là elles gagnent les Schetland, les Orcades
et la côte d'Écosse. Les plongeons Imbrim,
Lumme et Catmarin font chaque année ce
trajet, toujours nageant, sans être jamais privés

de nourriture, quoiqu'ils la trouvent moins abondante au large que vers les côtes. Quelques Sternes tels que le Pierre-Garin, l'Arctique, l'opèrent en volant, ainsi que certains Goëlands dont l'aile puissante peut soutenir des vols prolongés. Le fou de Bassan est un des oiseaux qui le font le plus régulièrement. Pour exécuter ce voyage, il leur faut alimentation et repos. L'aliment, l'Océan le donne ; le repos, ils le trouvent aux atterrages et au besoin sur l'eau même, leurs pieds étant palmés.

La Bécasse n'est pas dans ces conditions. Bien que son sternum et sa fourchette annoncent, par leur développement, un oiseau capable de longs vols, néanmoins son aile est encore trop courte pour affronter de semblables distances sans nourriture et sans repos. Dans ces parages où la mobilité des vents rend la navigation si difficile, l'oiseau terrestre serait infailliblement englouti.

La nature du climat et du sol du Groënland résiste encore à l'opinion que je discute. Cette région, au-delà de laquelle la vie humaine n'est plus possible, jouit à peine de deux mois d'été, et quel été ! Là, point de forêts, point d'abris, point de terreaux riches en vermisseaux.

Pendant dix mois le sol reste enseveli sous les glaces et les neiges, et les herbes et les lichens qui le tapissent, quand le soleil l'a découvert pour quelques semaines, recèlent si peu de vers et d'insectes que ce serait pour l'oiseau voyageur une insuffisante nourriture. Du nord des États-Unis, ou du Canada, jusqu'au Groënland, la Bécasse aurait déjà accompli un immense voyage, traversé la baie d'Hudson ou le Labrador, suivant le point de départ, le détroit de Davis, le golfe des Esquimaux, et ce serait des plages groënlandaises inhospitalières aux insectivores qu'il lui faudrait, déjà fatiguée, amaigrie, s'élancer et affronter l'inclémence de l'Océan polaire ! Cette opinion est inadmissible. La nature a donné à l'oiseau migrateur l'instinct de faire provision de graisse : à l'époque du passage, son appétit est insatiable, il mange sans cesse, et emmagasine la vigueur nécessaire à l'accomplissement du voyage. Ce n'est que quand son corps est saturé de graisse qu'il ouvre ses ailes et disparaît. La Bécasse accomplirait ses voyages dans des conditions diamétralement opposées, dans l'hypothèse d'une migration transocéanienne. Le Créateur l'aurait destinée aux plus longs vols, aux plus dangereuses courses, et il lui aurait refusé les moyens de les accomplir ! Voilà l'impasse dans laquelle s'est engagée l'opinion que je contredis.

Après avoir démontré que la migration trans-pélagienne était impossible eu égard à des considérations physiques, je l'établis encore par un dernier trait, et le plus sûr, c'est que la *Bécasse des États-Unis n'est pas celle d'Europe*. La première est la *Scolopax minor* ou *Scolopax fronte cinerea*, ou encore *Scolopax grisea*. Ces trois dénominations sont également usitées. D'Orbigny apporte sur ce point l'autorité de sa parole. Il ne reconnaît que trois espèces de Bécasses : 1° la *Scolopax rusticola* d'Europe, 2° la *Scolopax minor* des États-Unis, 3° la Bécasse de Java, ou *Scolopax saturata*.

Vieillot, lui, n'admet que deux espèces, celle d'Europe et celle d'Amérique. Voici la description qu'il donne de cette dernière : *Rusticola minor, fronte cinerea, occipite nigro, lineis transversis flavicantibus, mento albo, corpore supra nigro fulvescente, ondulato, subtus flavo.* Après cette diagnose, il ajoute : « On a quelque- « fois confondu cette Bécasse avec celle d'Europe « à laquelle elle ressemble effectivement par ses « formes et sa physionomie, mais elle est plus

« petite et son plumage présente quelques dif-
« férences. Elle aurait un attribut singulier et
« bien extraordinaire dans les oiseaux aqua-
« tiques, si, comme on l'assure, le mâle est doué
« d'un ramage agréable et mélodieux, qu'il ne
« fait entendre que pendant l'incubation et en
« volant d'une manière particulière. »

Ce serait mentir à la vérité de dire que cette
Bécasse n'a jamais été observée en Europe ; elle
y a été trois fois capturée, en Suède, en Angleterre et au Havre. Enlevées sans doute dans
les tourbillons de ces irrésistibles tourmentes
qui assaillent les côtes du nouveau continent,
elles durent traverser en quelques heures
l'Atlantique et furent jetées sur les rivages
du vieux monde ; mais ces faits sont des acci-
dents et pas autre chose.

Notre Bécasse habite tout l'ancien continent ;
on la retrouve aux derniers confins de l'Asie,
jusqu'au Kamchatka. Elle est abondante sur les
côtes d'Afrique ; Adanson l'a trouvée dans les
îles du Sénégal, et Knox l'a vue à Ceylan ; mais
jamais naturaliste n'a constaté sa présence en
Amérique.

Voler au-dessus d'une grande nappe d'eau
est une cause de frayeur pour les oiseaux émi-

grants. La Bécasse partage cette faiblesse. Elle passe l'eau la nuit, et ses étapes sont arrangées pour n'être point en mer au matin. C'est ce qui fait du Havre une position privilégiée. Venant d'Angleterre par-dessus la Manche, elle arrive à l'embouchure de la Seine ; si c'est au matin, elle voit cette grande baie dont les côtes sont perdues dans la brume ; pour elle c'est encore l'Océan avec tout l'effroi que sa vue inspire. Elle s'arrête, s'entasse, donne aux heureux chasseurs qui la découvrent de faciles hécatombes, et reste l'objet de leurs ardeurs jusqu'aux premier voiles du crépuscule. Alors tout devient brun, terre et mer, tout est enveloppé de la même obscurité, et celles qui ont échappé au massacre s'envolent sans crainte, jusqu'aux blancheurs du matin.

Ce qui se produit sur la rive droite de la Seine se passe aussi à la baie de la Somme. Derrière le Crotoy s'étendent les dunes de Saint-Quentin, vaste garenne qui longe la mer jusqu'à Boulogne. Le sol est couvert d'arbustes épineux, *hippophaë rhamnoïdes,* etc., de *psamma arenaria* et autres herbes à long feuillage. Les Bécasses s'y cachent une journée pour les mêmes causes, et tout disparaît à la nuit.

Il doit en être ainsi à l'embouchure de tous les fleuves et de toutes les grandes rivières.

Quant aux Bécasses qui arrivent des pays du Nord, en longeant le littoral, elles ne se tiennent jamais près de la mer, elles passent à deux ou trois lieues de la côte. M. Hardy, de Dieppe, un des plus fins observateurs que j'aie connus, me l'a cent fois répété.

J'ai lu dans un ouvrage anglais que l'avant-garde des Bécasses se compose exclusivement de vieilles femelles, et que le gros du passage ne comprend que des jeunes et des mâles; mais ce fait a besoin de vérification. En Angleterre, le passage commence fin septembre; ce sont les émigrants d'Écosse. La neige tombe sur les montagnes, l'hiver descend du pôle, la gelée durcit la terre; il faut partir. L'Angleterre voit arriver ce premier contingent, qui, trouvant dans les plaines une plus douce température, y séjourne quelque temps. La fin d'octobre est pour tout le monde, Bécasses écossaises, Bécasses anglaises, l'époque extrême du départ. Là plus qu'ailleurs il faut compter avec le vent et en redouter la violence et les soubresauts. Parties avec un souffle favorable, les bandes voyageuses sont souvent jetées en pleine mer

par des rafales imprévues et noyées dans les
flots. C'est ainsi, dit le révérend Morris, qu'on
les voit arriver par milliers dans les îles Sorlin-
gues, jetées loin de leur route par de violentes
bourrasques du sud-est qui les assaillent dans
leur vol commencé sous les plus favorables
auspices. Ce vent de sud-est, favorable quand
il souffle doucement, devient le plus dangereux quand il souffle en tempête : on ne pourrait chiffrer le nombre des morts qu'il cause.
Le même auteur cite un capitaine de vaisseau
qui rencontra en mer des Bécasses harassées,
chassées par un vent violent loin de leur direction normale. Il les vit se poser un instant
sur l'eau, les ailes ouvertes, dans le sillage de
son navire et à l'abri du vent. Après un court
repos, elles reprirent leur course.

L'Angleterre ne leur offrant pas comme la
France une grande largeur de terres où elles puissent se disséminer et s'étendre, elles y opèrent
leur passage d'une façon plus dense, plus serrée
que partout ailleurs. Aussi cite-t-on des bou-
cheries de Bécasses faites à l'automne. En trois
jours, un chasseur des environs de Norfolk en
tua cent quatre-vingt-trois. Le comte de Clare-
mont en tua cent dans un seul jour, etc., etc.

LA GROSSE ET LA PETITE BÉCASSE

Il y a, ai-je dit, pour les chasseurs, deux
Bécasses bien distinctes : la grosse, appelée, suivant les pays, Auvergnate, Savoyarde, Grosse-
Brune, et la Petite-Rousse, appelée sur les côtes
normandes Nordette, Suétine ou Martinet.
Pour les naturalistes c'est une seule et même
espèce. Bien que leurs caractères généraux
soient les mêmes, il y a cependant des différences de plumage, de conformation et de
mœurs qu'il est bon, je crois, de signaler.

La grosse Bécasse niche dans beaucoup de
nos forêts humides ; je n'ai pas entendu dire
qu'on y ait trouvé la petite. La première est
de couleur foncée et terne ; l'autre a le plumage rougeâtre, brillant et métallique ; quand
dans son vol son dos est frappé par le soleil, il
a les reflets du cuivre. Son bec est un peu

moins long, plus effilé; ses pattes sont vert
livide et plus larges à la naissance des doigts.
Son vol n'est pas lourd et bruyant comme celui
de la grosse. Il est rapide, irrégulier, coupé
de zigzags..... Au départ son aile est rapide
comme celle du martinet, dont pour ce motif,
dans certains pays, on lui a donné le nom. Elle
se laisse moins facilement approcher, elle court
plus, elle est plus alerte, et il faut pour la tirer
un peu de la prestesse que demande la Bécassine.

Les deux Bécasses font des crochets par les
jours de soleil; elles sont plus inquiètes et partent de plus loin, mais cela n'est que l'effet de
l'éblouissement que le soleil cause à leurs yeux
de nocturnes. Il est même probable qu'en ces
jours de trop grande clarté, elles ne volent que
l'œil protégé par la membrane nyctitante. Au
premier coup d'œil le chasseur sait à qui il a
affaire. La grosse fait des écarts proportionnés
à son poids, mais la rousse se livre à de véri-
tables caracoles; elle gagne le sommet des taillis, volant à droite, à gauche, frappant les
branches, zigzaguant, lancée à la façon d'un
projectile qui ricoche. Là est l'écueil du tireur.
Il faut attendre que toute cette fantasia soit

terminée, que son ascension soit finie, et qu'elle prenne son vol horizontal. C'est à l'intersection de la perpendiculaire et de l'horizontale qu'il faut la tirer.

Au passage, par les vents de nord-est, cette Petite-Rousse se trouvera presque sans mélange. Buffon avait déjà été informé par M. Baillon de cette particularité. Les chasseurs de Montreuil-sur-Mer (patrie des pâtés de Bécasses) avaient remarqué que le vent de nord-est ne leur amenait que des petites.

Si le vent souffle du sud-est, on ne voit presque que des grosses.

Buffon n'a pas entrevu la cause de ces différences ; il a constaté le fait sans aller au delà.

La cause a été indiquée : c'est l'inégale vigueur de l'aile. L'une, plus faible, veut un vent qui la pousse ; l'autre, plus robuste, pique dans le vent.

J'ai ouï dire, par des gens qui se croyaient forts, que la petite Bécasse, de souche identique avec la grosse espèce, vivait dans des contrées plus pauvres en aliments et plus âpres de climat, et que c'étaient les influences alimentaires et climatériques qui lui donnaient sa petite taille. Sans nier la possibilité d'une diminution de formes, sous une latitude septentrionale extrême, combinée avec la rareté de la nourriture, je crois que l'explication est mauvaise. Temminck, à mon sens, est seul dans le vrai en disant que la petite Bécasse rousse est la Bécasse de l'année, qui porte encore ses premières plumes, et n'a pas atteint son développement. Il va plus loin et prétend qu'elle n'émigre que plusieurs semaines après l'autre[1]. Pourquoi les Bécasses de l'année n'auraient-elles pas une livrée à part (la première), des allures spéciales, et un mode de migration différent de celui de leurs auteurs? Je raisonne en prenant le Coucou pour type. Des ornithologistes ont fait deux espèces de Coucou : 1° le *Cuculus Canorus* (notre coucou ordinaire) à livrée grise ; 2° le *Cuculus Hepaticus* dont la livrée est roux brun. Il a été reconnu, après débats et discussions, que les deux espèces n'en formaient qu'une ; que le Coucou gris était l'oiseau adulte à sa troisième année, et que l'*Hepaticus* était le jeune, ayant encore la livrée du jeune âge, livrée dont il était couvert pendant ses deux premières années. Comme la jeune Bécasse, le jeune Coucou

[1] TEMMINCK, t. IV.

a l'aile inhabile à supporter les vols fatigants : il en a conscience; mais plus poltron que le Bécasseau, il reste prudemment la première année dans les contrées où il a reçu le jour. De ces analogies ne ressort-il pas la confirmation de l'opinion de Temminck, disant que grosse et petite Bécasse sont identiques d'origine ; que la grosse est l'oiseau adulte, et la Petite-Rousse la jeune de l'année ?

NIDIFICATION

Je crois qu'il n'est pas impossible d'apprécier
l'utilité d'un oiseau par le nombre des œufs
qu'il pond.

Les petits insectivores qui sont préposés à la
destruction d'ennemis infinis pondent jusqu'à
vingt œufs : les échenilleurs doivent être nombreux, et pour cela il leur faut une grande
fécondité. Les chasseurs d'insectes ailés, dont
les légions sont incommensurables, sont non-
seulement féconds, mais font plusieurs couvées.
Ainsi, règle générale, les oiseaux se repro-
duisent en raison du nombre d'ennemis à combattre, du nombre d'insectes à la destruction
desquels ils sont préposés.

En mesurant là Bécasse à cette règle, son
rôle comme oiseau utile est peu important. Les
larves des mares sont assez peu nombreuses et

assez peu dangereuses ; les insectes des mousses, les coléoptères des cryptogames sont assez peu nuisibles pour qu'il n'ait été donné à notre oiseau qu'une assez mince vertu prolifique.

La Bécasse, comme les oiseaux de marécages, a de précoces amours : elle niche de très-bonne heure, mais toujours relativement à la contrée qu'elle habite. Chez nous, c'est ordinairement fin mars, commencement d'avril. Cela dépend de la chaleur du printemps. Cette année (1873), le 14 mars, j'ai trouvé un nid contenant cinq œufs déjà couvés ; mais ce fait ne doit être considéré que comme une exception due à des chaleurs inusitées à ce mois.

Au retour du soleil, son ovaire, endormi pendant l'hiver et à peine visible, reprend subitement ses proportions normales. Cela va si vite que l'on pourrait appeler le temps de ce rapide travail l'époque de l'explosion ovarique. Au commencement de février les premiers ovules se dessinent, et vers le milieu du mois la grappe mesure déjà environ un centimètre et demi. Chez nous, en Normandie, cette élaboration ne dure jamais beaucoup au-delà des premiers jours d'avril : c'est la limite ultime.

Dans les pays de montagnes, c'est autre

chose. Dans les Alpes, par exemple, elle ne niche presque jamais avant la fin d'avril : cette époque est le plein de la nidification. Il est même des couples qui ne commencent qu'aux premiers jours de mai. Ce retard est facilement explicable : en Suisse, l'hiver dure plus longtemps que dans les régions plates ; il se prolonge jusqu'à l'apparition du fœhn ou vent du midi, le *Favonius* des Latins, dont Horace, jadis, célébrait l'arrivée :

Solvitur acris hyems grata vice veris et Favoni.

Ses premières haleines se font sentir fin mars ou commencement d'avril ; hommes et bêtes l'attendent avec impatience. *Sans le fœhn*, dit un proverbe suisse, *ni le bon Dieu, ni le soleil d'or, ne peuvent rien.* C'est le vent chaud d'Afrique, qui dans le désert s'appelle simoun, en Egypte kamsin, et en Italie sirocco. Sa chaleur fond les neiges et commence la fusion des glaciers ; c'est par sa bienheureuse influence que la nature s'éveille et sort de son sommeil hivernal. Dès lors la séve bouillonne, les bourgeons se gonflent, les oiseaux chantent, le printemps a commencé !...

Les Bécasses ont attendu dans les vallées inférieures l'apparition du vent, et, soumises pendant ce temps à la froide température ambiante, le travail ovarique est resté suspendu : mais aussitôt que les premiers souffles se font sentir, l'instinct de la reproduction s'éveille en elles sous l'influence des chaudes brises qui les enveloppent. Elles s'accouplent et se livrent alors aux douceurs de l'amour : l'ovaire des femelles est fécondé, et bientôt dans ces solitudes alpestres que foulent seuls le Tétras, la Gelinotte et le Lagopède, la Bécasse deviendra mère et traînera à sa suite une troupe de poussins poilus, brunâtres, qui, au prochain automne, feront la joie des chasseurs.

En quelque pays qu'il soit fait, le nid est le même. La Bécasse ne se donne pas beaucoup de mal pour le construire : un petit enfoncement, une dépression dans laquelle elle met quelques feuilles et quelques plumes de son ventre, voilà le nid; il est placé soit au pied d'une cépée, soit dans les racines d'un arbre, soit même dans une clairière, sans rien qui le cache. Elle y pond ses œufs, quatre ou cinq; ils sont ventrus, d'un gris sale, tachetés de roux et de brun rappelant un peu le plumage de l'oiseau. L'incubation dure dix-sept à dix-

huit jours. La pauvre bête y est tellement assi-
due, que le chien l'arrête le nez dessus. Le
mâle, quand il ne cherche pas sa pâture, passe
toute cette période près de sa femelle, aile
contre aile, la tête appuyée sur son dos. Il a
pour elle la plus douce sollicitude : il dépasse
même en tendresse conjugale les Ramiers et les
Colombes, dont les anciens ont fait l'emblème
de la fidélité. On dirait plus justement : tendre,
fidèle, aimant, comme une Bécasse.

Les Bécasseaux quittent le nid peu de jours
après qu'ils sont éclos et suivent leur mère.
Rien de plus singulier que ces petits êtres à
tournure bizarre, qui paraissent une petite
pelote grise d'où sortent une tête et un bec.
Ils sont couverts de duvet brunâtre et sont
étranges de tournure.

Je veux transcrire, sans y rien changer, la
très-exacte description des Bécasseaux que
donne Bailly[1] : « Les petits naissent revêtus
« d'un duvet grisâtre, varié çà et là de blan-
« châtre et de jaunâtre sur le corps, de roux
« et de brun à la tête surtout. Ils sont alors
« vilains ; ils ressemblent presque à une pelote

---

[1] *Ornithologie de la Savoie.*

« de laine. Leur bec est à peine de deux·cen-
« timètres et demi de long, un peu dilaté à sa
« base et très-mou dans toute son étendue.
« L'abdomen est si gros qu'il semble former à
« lui seul la plus grande partie du corps. Les
« pieds sont excessivement tendres. Dans cet
« état les nouveau-nés ne peuvent ni saisir
« leur première nourriture, ni marcher assez
« pour suivre leurs parents; aussi restent-ils
« au nid. Ces derniers, pour les alimenter,
« viennent à eux le bec rempli de vers, et les
« petits sucent cette pâture, en introduisant un
« peu leur bec dans celui de leurs auteurs. S'ils
« sont menacés pendant qu'ils gardent le nid,
« le père ou la mère, dit-on, les enlèvent l'un
« après l'autre, et les transportent à l'aide du
« bec dans un lieu plus sûr et qui n'est guère
« éloigné que de vingt à trente pas de celui
« qu'ils leur font quitter. Dès que les petits de
« la Bécasse peuvent marcher librement et ont
« la pointe du bec assez forte pour commencer
« à piquer la terre et y saisir quelque proie, ils
« abandonnent leur première demeure et vont
« avec leurs auteurs chercher leur subsistance
« sur le bord des ruisseaux et des fontaines.
« Ils ne s'éloignent pas beaucoup du lieu de

« leur naissance ; mais, aussitôt qu'ils volent,
« ils gagnent peu à peu les forêts les plus recu-
« lées dans les montagnes. C'est là que s'achève
« leur éducation. Après ce devoir rempli, toute
« la famille se sépare et vit dans la solitude,
« en attendant l'apparition des frimas pour
« descendre dans des régions inférieures ou
« pour changer de pays. »

Ce que je dois ajouter, et ce que n'a pas dit
Bailly, c'est que la Bécasse mère, pour éviter
le chasseur, enlève son poussin, alors que déjà
lui-même est capable de voler. Au printemps
1872, 20 avril, dans la forêt de Conches, ce
fait a été constaté par un brigadier-garde fort
intelligent : en faisant sa tournée, il se trouva
au milieu d'une nichée déjà forte, après laquelle
il se mit à courir. La mère, voulant dérober au
moins un petit au danger, le prit sous son cou
et s'envola avec son fardeau à une cinquantaine
de pas ; mais là, quel ne fut pas l'étonnement
du garde, de voir le jeune oiseau, déposé à
terre, s'envoler avec sa mère et disparaître !
Cette constatation de la sollicitude maternelle
établit encore cet autre fait, qu'à la mi-avril,
dans les années précoces, il y a des Bécasseaux
volants.

Bien qu'on ait parfois prétendu qu'elle enlevait ses poussins avec ses pattes, l'anatomie donne un démenti à cette opinion. Elle n'est pas dans la catégorie des oiseaux à *pattes prenantes;* les oiseaux percheurs ont seuls cette faculté. Les doigts de ces derniers peuvent saisir toutes les fois que l'articulation du genou est fléchie, et cela par l'action d'un muscle qui, partant du pubis, passe par le genou et s'unit au muscle fléchisseur des orteils. La Bécasse, comme tous les *coureurs, non percheurs,* est privée de cette faculté.

ALIMENTATION

La Bécasse se nourrit de vers. Elle aime les
forêts riches en terreaux, qu'elles soient d'essences résineuses ou d'arbres à feuilles caduques; là, sous les feuilles qui couvrent le sol,
il y a tout un monde de larves et d'insectes.
Elle en trouve aussi dans la vase des mares,
dans les terrains humides, dans les mousses.
Elle fréquente assidûment les parties où pâ-
turent les vaches; elle cherche dans les bouses
les insectes stercoraires qui s'y trouvent. A l'inspection de ces déjections on sait s'il y a des
Bécasses dans le canton. Tous les trous que
présentent ces fientes ne sont pas faits par l'oiseau. Les bousiers font des galeries qui arrivent
à la surface; ces orifices sont petits, tandis que
la Bécasse fait ses trous en entonnoir, par suite
de l'écartement des mandibules du bec qui

sonde et cherche une proie. Les districts abondants en champignons lui sont également précieux ; elle est fort friande des petits coléoptères qui rongent ces cryptogames et des larves qu'ils renferment.

Pour attirer à la surface les insectes et les vers que recèlent les terrains humides et qu'elle sait venir au bruit, elle gratte d'abord la terre, puis la bat de ses pattes, comme le fait le Vanneau. Ces préliminaires accomplis, elle y introduit son bec en soufflant ; sa proie ne se fait pas attendre, et elle la saisit et l'avale.

On a prétendu qu'elle avait l'odorat très-fin, et qu'en outre la nature, prodigue à son égard, lui avait donné dans le bout renflé de la mandibule supérieure de son bec un sens qu'elle seule possède parmi les oiseaux.

G. Bowles, dans son *Histoire naturelle d'Espagne,* raconte que l'infant don Louis avait une volière remplie d'oiseaux, parmi lesquels se trouvaient des Bécasses. On apportait à celles-ci, chaque jour, des gazons pleins de vers : pour saisir leur proie, elles y enfonçaient le bec jusqu'aux narines, puis le redressaient perpendiculairement et laissaient ainsi glisser vers

et insectes sans aucun mouvement de déglu-
tition.

Quand c'est, au contraire, dans la vase molle
que l'oiseau cherche sa pâture, il replie sa tête
jusqu'à ses épaules, enfonce son bec paral-
lèlement à la surface de la vase et en fait mouvoir les mandibules, car, contrairement aux
autres oiseaux, qui ne peuvent mouvoir que
l'inférieure, il peut, lui, par leur flexibilité
et par suite d'une structure particulière, les
opposer l'une à l'autre. Le premier tiers antérieur de la mandibule supérieure se lève et s'a-
baisse par un mécanisme nerveux qui lui est
propre, et qui donne au bec une adresse particulière. Dans cet état, il darde sa langue,
mouvement que lui permettent la longueur et
la flexibilité de ses branches hyoïdiennes; il
souffle, et ce flou-flou qu'il fait entendre, joint
au bruit de son bec dont les mandibules se
heurtent avec fréquence, attire les insectes.
C'est à l'affût sur les mares qu'on peut observer ces manœuvres.

Dans les années sèches, la Bécasse se can-
tonne dans les bas-fonds et surtout dans les
lieux marécageux. Durant les années humides
elle quitte les vallons pour les plateaux. Quand

les pluies sont excessives, comme celles de l'automne 1860, elle séjourne peu et précipite son départ. Cela vient de la mauvaise nourriture qu'elle rencontre, les vers étant malades ou morts par suite de l'excès d'humidité de la terre.

Il m'est souvent arrivé d'entendre dire : dans telle forêt, la Bécasse est abondante cette année, quand dans les forêts où je chasse elle fait défaut ou à peu près ; c'est que la forêt privilégiée est dans des conditions d'humidité ou de siccité convenables. Ainsi, je la chasse dans une forêt humide et dont le sous-sol est peu perméable ; si l'automne est pluvieux, c'est un marais : pas de Bécasses!..... Les forêts sèches, par contre, peuvent en avoir. Si l'année est sèche, l'oiseau y abonde, et les forêts trop arides en sont à peu près veuves.

Belon dit qu'elle est d'un naturel stupide, moult sotte bête.

Aristote, sans doute à cause de la facilité qu'on avait à l'approcher, à une époque où la poudre ne lui faisait pas entendre ses tonnerres, et où on ne la chassait qu'au lacet, dit qu'elle recherche la société de l'homme : *Et hominem mire diligit.*

Ses yeux ont plutôt la conformation de ceux des nocturnes que des diurnes. Ils sont gros, bombés, munis d'une pupille très-dilatable et d'une membrane nyctitante, ainsi appelée parce qu'elle a pour mission d'adoucir par son inter-position le trop grand éclat de la lumière. Elle y voit très-clair, surtout au crépuscule. A la tombée de la nuit, ses allures, ses mouvements prennent une grande vivacité. A l'automne, l'ombre venue, elle vole aussitôt aux mares et aux ruisseaux pour s'y laver les pattes et le bec salis de terre par les fouilles de la journée, puis, ces ablutions terminées, elle se dirige vers les champs, vers la plaine pour y cher-cher sa nourriture dans le creux des sillons humides. A la première lune de novembre, que les chasseurs ont surnommée la *lune des Bé-casses,* elle est très-vive, très-guillerette, elle se promène beaucoup.

C'est à cette époque qu'on en fait les plus grandes captures dans les pays où on la chasse au lacet ou à la pantière, grand filet qu'on tend à une certaine hauteur pour barrer les routes qui vont des forêts à la plaine. On en détruit beaucoup ainsi.

Au passage du printemps leurs mœurs ne

sont plus les mêmes. Elles se cantonnent, le jour, près des fossés, près des mares, où elles vont souvent boire. Le soir, si elles y vont, ce n'est qu'accidentellement; on n'est plus certain de leur visite comme à l'automne; si elles y vont, il est probable que c'est après la nuit venue.

Dès le crépuscule elles se livrent à des courses amoureuses, lutinent dans l'air avec leurs galants, et le matin elles rentrent au bois, à la forêt, fatiguées, harassées, désireuses de repos. On comprend qu'elles marchent peu dans la journée. Ce n'est que le bruit qui les fait piéter et chercher à fuir le danger qu'elles pressentent.

C'est un oiseau timide, manquant absolument de bravoure; cependant le mâle a, chaque année, à l'époque de la pariade, un accès de courage. Son caractère change subitement : de craintif, il devient belliqueux, et il livre de furieux combats aux rivaux qui veulent lui disputer sa femelle. Cette jalousie dure pendant toute l'incubation. Gardien vigilant, il guette la venue de tout maraudeur de sa race qui pourrait compromettre l'avenir de sa couvée. Aussitôt ses petits éclos, il pourvoit, con-

jointement avec la mère, à leur approvisionnement. Si un danger les menace, père et mère
prennent à la hâte un petit sous leur cou,
qu'ils recourbent, le maintiennent avec le dessous de leur bec et s'envolent, sauvant au moins
une partie de leur progéniture [1].

[1] Dorbigny, t. II.

SA VOIX

Elle n'a, dit-on, aucun cri, aucun chant en dehors du temps de la pariade; cependant j'en ai entendu une, en octobre, qui, levée par un chien courant, s'était posée devant moi dans un sentier, étalant sa queue, se dandinant et poussant à plusieurs reprises un gloussement qui rappelait l'aboi d'un petit chien. Au printemps leur voix se développe comme chez tous les oiseaux à la réapparition des organes génitaux; elle est rauque, monotone et lente; on ne l'entend que le soir à la chute du jour, et le matin quand l'aube paraît.

La passée du soir dure un quart d'heure, vingt minutes, une demi-heure au plus suivant le temps. Celle du matin est très-courte, environ dix minutes. Pour un oiseau de fourrés, la plaine nue est un lieu effrayant; aussi, les premières lueurs arrivées, se hâte-t-elle de gagner ses retraites.

C'est la crainte de l'homme qui lui fait opérer aussi vite sa rentrée matinale. Je suis convaincu qu'avant la découverte des armes à feu, alors qu'elle était chassée sans bruit, au lacet, les deux passées du soir et du matin avaient la même durée.

Au temps des amours, au crépuscule du soir, pour quitter le taillis où elle a passé le jour, elle s'élance comme un trait, perpendiculairement et avec grand bruit, et, arrivée au point où elle domine le bois, elle prend sa course lentement, à coups d'ailes comptés, à la façon des nocturnes, en faisant entendre d'une façon continue ses trois éternelles gammes. La rencontre d'une femelle, s'il n'est pas accouplé, paraît mettre le mâle en gaieté. Ses notes deviennent plus stridentes, et on le voit se livrer à des escarmouches. Il s'élève, descend et caracole à la façon des pigeons.

Mais s'il rencontre un mâle, la lutte s'engage, les plumes volent et les rivaux, oubliant toute prudence, roulent souvent jusqu'à toucher la terre.

Les Bécasses ne chantent qu'au printemps et

dans les bois ou sur les lisières, mais aussitôt qu'elles sont en plaine ou à se désaltérer, elles deviennent silencieuses. A cette époque, le matin venu, elles remuent et marchent peu, fatiguées qu'elles sont de la nuit. Elles passent le jour dans quelque fourré : mâles et femelles se livrent dans ces retraites au doux langage d'amour. Ils ne sont pas en quête de vers comme à l'automne : on mange si peu quand on aime ! Ce qu'il faut surtout, c'est le voisinage d'une source, d'un fossé pour y aller de temps en temps apaiser le feu qui les dévore. Aussi dans ces conditions n'est-ce que lorsque le chasseur tombe dessus qu'il peut les lever. Les chiens ne prennent pas leur piste comme à l'automne parfois à de grandes distances. La plupart du temps, s'ils sont prudents et ont l'habitude de cette chasse, ils les arrêtent à bout portant.

Si l'oiseau est sur son nid, le chien mettra presque la gueule dessus. Tous ses devoirs maternels l'absorbent. L'arrêt forcé ou l'apparition du chasseur pourront seuls l'engager à prendre le vol ; mais cette fois il ne s'élancera pas avec fracas, son vol ne sera ni rapide, ni bruyant ; il semble qu'il veuille éviter le bruit pour dérober sa fuite à l'oreille de ses persécuteurs ; il vole alors silencieux comme un nocturne.

Cet oiseau qui n'a pas à nos yeux la témérité d'aile des rapaces, des pigeons, des palmipèdes ; qui, sa course prise, vole lentement, méthodiquement, à la façon des hibous et de tous les oiseaux de nuit, atteint une grande hauteur pendant qu'il émigre, et n'opère ce voyage qu'à travers les espaces supérieurs de l'atmosphère. Dans les rares passages de jour qui ont été observés, on a toujours remarqué que les bandes en marche étaient si haut que quelquefois on avait peine à les apercevoir. On se fera une idée approximative de cette hauteur de vol, quand on saura qu'un objet ne cesse d'être visible dans les airs que quand son élévation est égale à trois mille quatre cent trente-six fois son diamètre. L'ordonnateur de toutes choses a voulu que la Bécasse ne passât que pendant la nuit, comme tous les oiseaux à chair délicate et friande. Le jour aurait trop de dangers pour elle. Le signe de cette protection supérieure éclate encore dans la couleur de son plumage feuille morte, qui la rend à terre presque invisible aux yeux de ses ennemis.

SA CHASSE

Nemesien a dit que la Bécasse était une proie facile :

Quum nemus omne suo viridi spoliatur honore ,
Fultus equi niveis, silvas pete protinus altas,
Exuviis. Præda est facilis et amœna Scolopax.

« Quand les bois sont dépouillés de leur
« verte parure, monté sur un cheval couvert
« d'une housse blanche, gagnez vite la pro-
« fondeur de la forêt. La Bécasse est une proie
« facile et agréable. » Comment la chassait-on ;
par quels engins la prenait-on *aussi facilement?*
c'est ce que le poëte a oublié de dire et ce qui
fait qu'il faut accepter avec réserve, beaucoup
de réserve, ses allégations. A notre époque il
n'en est plus de même, la chasser est toujours
agréable, mais non facile ; je dis même qu'elle

est un des gibiers les plus difficiles, et j'ajouterai
que le bon chasseur de Bécasses aura une supé-
riorité marquée dans les autres chasses, et que
son chien sera excellent à tous gibiers.

Il faut éviter les costumes clairs ou voyants.
La couleur brune est préférable; elle se confond
avec celle du bois et des feuilles mortes. Je conseille un chapeau de feutre à bords mous, flexi-
bles, qu'on peut rabattre par devant en forme de
visière, pour protéger les yeux contre le soleil ou
contre les branches, les épines et les églantiers.
Aux pieds, de bons souliers, larges; à la jambe,
de solides molletières, et au genou du pantalon
(chose indispensable) une large garniture de
peau. Dans la marche à travers les fourrés, les
genoux sont en perpétuelle lutte avec les épines.... Il faut les protéger, sous peine de les
voir, le soir, striés, déchirés, en lambeaux, couleur de charbons ardents. La peau de chien
doit être exclusivement employée; elle seule
résiste à l'épine, à la dent recourbée de l'églan-
tier. Il faut un fusil court; l'excès de longueur
du canon est nuisible. Je veux des cartouches
très-sèches; car, tirant avec du petit plomb et
souvent à une assez longue portée, la poudre
doit avoir toute sa force. Pour cela, les por-

ter dans les poches d'un gilet *ad hoc*, sur la poitrine, la veste boutonnée par dessus ; ou bien encore dans une cartouchière imperméable. Malgré toutes ces précautions, si le temps a été humide, il sera bon, rentré à la maison, de les y faire sécher. Les aphorismes de Saint-Hubert, la sagesse des chasseurs, insistent sur la siccité de la poudre.

> Dans un flacon très-sec, tiens ta poudre endormie ;
> Qu'il soit bouché, bouché, comme l'Académie.

La charge de poudre ne doit pas dépasser 4 grammes. Eviter de suivre les conseils de Marksmann qui recommande de charger à 12 grammes, à moins que dans un accès de *spleen* vous ayez l'intention d'attenter à vos jours.

Le plomb dont je me sers est le 8.

L'homme équipé, voyons le chien.

Si vous en rencontrez un qui chasse la Bécasse d'amitié, comme on disait jadis en vénerie, à quelque race qu'il appartienne, qu'il soit Caniche ou de Poméranie, hâtez-vous de l'acheter, c'est une chance que vous ne retrouverez peut-être pas de longtemps. Si cette bonne fortune ne vous est pas offerte, prenez un élève de bonne race française, et faites-le vous-même. Nous avons deux chiens pleins de mérites : le Braque blanc et marron et l'Épagneul de Pont-Audemer couleur poivre et sel, qui a un cousin, comme lui à longues soies feutrées, mais fond blanc, tacheté de brun. Les chiens de cette race ont en général une qualité particulière, celle d'appeler la Bécasse, c'est-à-dire de donner une voix à son départ, et de prévenir ainsi leur maître. Prenez un rejeton d'un de ces excellents serviteurs, et faites-le vous-même chien de Bécasse ; déterminez sa vocation! Chez les animaux on crée une aptitude en spécialisant : faites débuter votre élève sur la Bécasse, et rien que sur elle, ayant préalablement pris soin de l'assouplir, de raccourcir sa quête, de le faire obéissant au rappel. L'odeur de ce gibier lui plaira bientôt, puisque ce sera seulement sur lui qu'il dépensera ses ardeurs ; il l'aimera vite, et au bout de quelques mois vous serez tout étonné de reconnaître sa préférence bien marquée, qui lui fera négliger lièvre et lapin quand il aura vent de son oiseau favori.

Je conseille de faire chasser ce chien, au moins sa première année tout entière, exclusivement ainsi. J'ai connu des chasseurs qui avaient un chien spécial, à qui il n'était pas permis de donner un instant d'attention à un autre gibier. Ils étaient excellents. Aux spécialistes les supériorités !

J'ai vu des griffons des dunes de Boulogne (race qui malheureusement tend à s'éteindre) durs à la fatigue, ardents au fourré, fins de nez, chassant aussi parfaitement.

Les Anglais ont de petits épagneuls qu'ils n'emploient que pour le Faisan et la Bécasse. Ils s'éloignent peu de leur maître, quoique excessivement actifs et battant les fourrés avec beaucoup d'ardeur. En première ligne les Cookers, dont le nom indique la spécialité. Il en existe deux races : l'une du pays de Galles, noire ; l'autre du Devonshire, blanche, tachetée de marron ; il est aussi des chiens, mais je ne sais s'ils sont aussi purs, qui sont fond blanc tacheté de jaune comme ceux de Saint-Germain.

La seconde race est celle des Springers qui comprend l'espèce distincte du Norfolk, blanc tacheté de marron, du Sussex, noir, et enfin des Clumbers ou bassets à poils longs, qui chassent sans donner de voix, et dont le pelage est blanc et orange. J'en ai vu de très-beaux spécimens, mais il ne m'a jamais été donné de les faire ou de les voir chasser. Je crois à leurs qualités sur parole.

Les Allemands ont aussi, dit-on, un chien spécial qu'ils appellent *Schnepfenhund* (chien de Bécasse). Mais comme je n'en ai jamais vu, je ne peux donc dire ce qu'il est.

J'ai vu des Setters écossais qui étaient des sujets remarquables. Je ne sais si les Irlandais ont les mêmes aptitudes. Pour mon compte, j'ai eu chien et chienne de cette dernière espèce, et eux-mêmes et tous les petits qu'ils ont faits avaient une aversion marquée pour ce gibier. Une chienne entre autres m'indiquait le voisinage d'une Bécasse en revenant à moi.

Les Bassets la chassent volontiers à voix, mais cela ne pourra avoir lieu qu'accidentellement. Ils seront toujours portés à prendre de préférence la piste d'un lapin, d'un lièvre ou d'un chevreuil.

A part les petits Épagneuls anglais qui fouillent et suivent le nez à terre, pour bien chasser, il faut un chien de haut nez. Ceux à quête basse se donnent beaucoup de mal, suivent les méandres du gibier qui marche devant eux, et plus vite qu'eux, perdent du temps et lèvent peu, surtout à l'automne; le chien qui porte le nez haut, qui sent venir de loin les émanations, ne s'arrête pas à toutes les courbes, à tous les zigzags, à tous les cercles ; il prend la corde et arrive en quelques instants sur la pièce ; il tombe ferme, et alors c'est l'affaire du tireur....

Il est parfois très-difficile de lever une Bécasse coureuse ; votre chien la flaire, vous voyez ses grattures, ses miroirs, vous êtes certain qu'elle est là dans le voisinage, et Stop ne peut la découvrir dans sa dernière cachette. Voici ce qui arrive souvent : par certains jours de soleil, elle court, gratte, fait de petits vols, court encore, et enfin se relaisse en un buisson, en une touffe de ronces..... Le chien de haut nez, prudent, d'âge mûr, ne la manquera pas, mais il vous faut de la patience. Laissez-le aller, ne lui parlez pas ; contentez-vous de le suivre, prêt à tirer, vous serez bientôt récompensé. Un chien qui quête collé au sol ne lèvera jamais dans ces conditions. S'il lève, ce sera le hasard qui lui mettra le nez dessus.

La chasse individuelle, isolée, est agréable dans les bois de moyenne étendue ; avec du temps et en croisant, on lève toutes les Bécasses qu'ils contiennent. Il n'en est pas de même dans les grandes forêts..... Dans une vente de cent ou de deux cents hectares, un chasseur ne fera que quelques coups de fusil et ne battra pas le quart du terrain. Un terroir de cette contenance doit être attaqué en force ; une demi-douzaine, ou plus, de bons tireurs, ne sera pas un nombre exagéré. On peut encore procéder à la façon des batteurs, en ligne, à des distances de quatre-vingts à cent mètres. Les chasseurs marchent d'un pas égal, lentement, à bon vent, s'appelant fréquemment par des petits coups de sifflet. Le fusil doit être tenu le canon haut ; on ne tire qu'en l'air, jamais en bas ni à hauteur d'homme. Il arrive parfois que l'idée vient de faire monter dans un chêne un *remarqueur :* c'est un gamin qui indique où le gibier se pose. Ce procédé est excellent, mais pas pour le gamin dont la culotte reçoit souvent des plombs, et qu'on entend parfois pousser des cris de détresse du haut de son observatoire.

Dans les forêts où elle niche elle peut avoir l'honneur d'une ouverture, qui coïncide avec celle de la plaine. En septembre, les Bécasseaux, qui ont atteint leur développement, ont quitté les fourrés et fréquentent de préférence le dessous des grands arbres, les futaies et les petits buissons, les petits ronciers qu'elles abritent. C'est là qu'on les trouve, et c'est là que chaque année un chasseur émérite que je connais les chasse au jour de l'ouverture de septembre. Ce plaisir tout exceptionnel dure une douzaine de jours ; au 15 septembre il n'y a plus un seul Bécasseau, tout est parti, filant vers le nord, rejoindre les bandes qui se disposent au voyage, et pour repasser avec elles.

AGE DES BOIS

Il ne faut pas chercher la Bécasse dans tous les bois; sa présence est subordonnée à la hauteur du taillis. Je ne dis pas l'âge, je dis la hauteur.

Aucun des auteurs n'a manqué à fixer l'âge des bois qu'elle fréquente, malheureusement tous sont en désaccord : Sylvain recommande les coupes de cinq à six ans; d'Houdetot, de six à sept; Clamart, de dix à quinze au printemps, et de seize à dix-huit à l'automne. Ces divergences prouvent combien sont peu sûres ces données. Le baron de Lage pense, avec plus de raison, que c'est moins l'âge des bois qui la fixe que la nature du couvert et du sol, que l'abondance des vermisseaux, enfin que les facilités que la terre présente à l'alimentation.

L'âge des taillis recommandé d'une façon

aussi formelle induira certainement en erreur le chercheur de Bécasses. C'est la composition, la nature du sol qui fait les bois grands ou petits. Tel bois de six ans, dans une terre profonde et riche, sera plus élevé que tel autre de douze sur un sol maigre et situé sur des gisements marneux. L'âge ne peut donc être sérieusement pris comme renseignement positif. Qu'un écrivain dise : dans telle forêt ce sont les taillis de tel âge que fréquente l'oiseau, je l'admettrais plus volontiers, quoique sur une étendue de plusieurs milliers d'hectares il y ait bien des terrains différents; mais sans faire acception de climat, de latitude, généraliser et dire : la Bécasse ne fréquente que les bois de tel âge, c'est évidemment commettre une erreur.

Elle n'aime pas les taillis bas, elle y est trop facile à tirer. Elle le sait bien; elle ne les fréquente que les jours de pluie ou de vent. Elle n'aime pas ceux trop élevés, parce qu'ils sont dégarnis du pied, parce qu'il n'y a plus de couvert, parce qu'enfin leur hauteur est un obstacle à son vol; forcée de s'élever perpendiculairement, elle met trop de temps à en gagner la cime, et par conséquent elle offre plus de facilités au chasseur. On la cherchera donc dans les taillis de moyenne hauteur, non épluchés, abondants en fourrés épineux, et en retraites que donnent toujours les plantes parasites en s'entrelaçant dans ce pêle-mêle inextricable qu'on appelle des ronciers.

Il est très-difficile, impossible même, de décrire un terrain favorable à cette chasse, mais un chasseur expérimenté ne s'y trompera jamais ; il jugera d'un regard et dira tout de suite : voici un bois excellent ; voici une taille parfaite ; ou bien : il n'y a pas de Bécasses à chercher ici. C'est pourquoi je dis avec un judicieux auteur : *Sylvæ, non verba docent.*

J'ai toujours remarqué leur préférence pour les bois de charmes. Les cépées en sont très-fourrées, pleines à leur base de brindilles traînantes entre lesquelles elles glissent et se cachent. Peut-être aussi le terreau de ces feuilles recèle-t-il des vers particuliers, je ne sais, et je ne peux que conjecturer ; mais ce que j'affirme, c'est que vous trouverez toujours plus de Bécasses dans des bois de charmes que dans ceux composés d'autres essences. On en trouve aussi dans les bois de pins ; le terreau que forment les feuilles tombées, en se décomposant, renferme beaucoup de vermisseaux et d'insectes qu'elles recherchent. Il est friable et facile à fouiller. J'ai fait de bonnes chasses dans des plantations d'essences résineuses.

La chasse en grande compagnie est plus lucrative, mais moins amusante. Le plaisir du vrai chasseur est de suivre ses inspirations, d'aller où sa fantaisie l'appelle, de voir travailler son chien, de deviner ses ruses, d'admirer la finesse de son nez buvant les émanations du gibier qui lutte d'adresse, et de le voir enfin tomber immobile, comme frappé de la foudre, une patte en l'air, la queue tendue, l'œil en feu, perçant de ses regards ardents le buisson qui recèle son gibier.

Quelle que soit la vigueur de votre jambe, allez lentement, croisez et recroisez. Il faut s'arrêter fréquemment; c'est souvent à ce temps d'arrêt qu'elle s'envole. Si vous avez affaire à une piste interrompue, que l'oiseau ait brisée par de petits vols, votre chien aura beaucoup de peine et de travail. Si l'impatience vous gagne, adieu le succès! vous passerez vite et droit, et pour le chien et pour vous ce sera buisson creux. Si vous faites des temps d'arrêt, si vous mettez à votre chien, pourvu qu'il soit prudent, la bride sur le cou, elle vous partira peut-être des jambes. La Bécasse fait comme le lièvre : tapie, blottie, elle laisse passer le chasseur; mais s'il s'arrête, elle se croit découverte et décampe. En joue, et feu !

Le bon chasseur finit par avoir la finesse d'observation du sauvage. Les Indiens suivent le gibier à la piste; ils sont leurs propres chiens. Ils voient, entendent, commentent : il ne leur manque que l'odorat. Les vieux chasseurs de Bécasses acquièrent une finesse d'observation qui souvent confond le vulgaire disciple de saint Hubert. Une fiente que vous n'apercevez pas, une mousse retournée, est toute une révélation. Lui, il voit une gratture dans les feuilles, entre les racines d'un chêne, et sait vite si elle est d'une grive, d'un merle ou d'un pic..... La finesse de la poursuite se monte à la hauteur des difficultés..... C'est ainsi que les bons gardes font les bons braconniers; il y a lutte de ruses.....

Les miroirs de l'oiseau, ou, si vous aimez mieux, ses fientes, sont un précieux renseignement dans sa chasse. Là où il est, ils sont

nombreux et liquides, car, comme tous les ver-
mivores, il mange beaucoup et digère vite.
Leur largeur, leur fluidité, la grande quantité
d'acide urique qu'ils contiennent et qui est
blanc laiteux, la partie solide qui est noire,
terreuse, empêchent de les confondre avec les
excréments des oiseaux gratteurs qui se tiennent au centre de nos bois.

J'ai eu une vieille chienne braque, marron-
zain, que le fumet d'une fiente récente rem-
plissait de joyeuse ardeur. Elle la flairait longtemps, puis se retournait vers moi et de ses
deux grands yeux me regardait, semblant me
dire : Il y en a une pas bien loin !

J'ai eu une chienne irlandaise qui éprouvait
le sentiment contraire : elle s'écartait, ai-je déjà
dit, du miroir qu'elle rencontrait, changeait de
direction ou revenait à moi. Délicieuse pour la
première, cette odeur était repoussante pour
la seconde. Pourquoi la race canine échappe-
rait-elle aux bizarreries d'olfaction dont nous
sommes nous-mêmes affectés ?

L'heure la plus favorable pour la chasse d'automne est le matin. En quête de nourriture,
elle a couru et laissé de longues traces que la
fraîcheur de l'atmosphère a conservées. C'est

le contraire de la perdrix, fuyarde le matin,
et qui tient bien sous le soleil. La Bécasse se
laisse mieux arrêter le matin. Dans la journée,
si le soleil luit, la grande clarté la rend inquiète,
défiante; elle court et prend le vol souvent avant
que le chien ait pu marquer son arrêt, et à une
trop grande distance du tireur. Les petites rousses, surtout, ont une vivacité de mouvements,
une irrégularité de vol telles, qu'il est souvent
difficile de les faire entrer au carnier. Sont particulièrement favorables les jours brumeux et
légèrement froids, faisant pressentir la gelée.
Il faut pénurie de Bécasses ou avoir bien du
guignon, pour ne pas réussir par un semblable
temps.

C'est toujours un tort de dire d'une façon
absolue : j'ai trouvé l'an dernier des Bécasses
à cette place, je dois en trouver cette année.
L'état de l'atmosphère peut vous donner tort.
Pour la chercher fructueusement, il faut garder
bonne note de l'humidité ou de la siccité de la
saison. Si l'année a été humide, on la cherchera sur les plateaux, sur les pentes au soleil,
là où la pluie, sans saturer la terre, a laissé
une humidité qui n'est pas surabondante. L'automne a-t-il été sec, allez dans les vallons,

dans les environs des sources ou des mares,
dans les terrains coupés de fossés, là où les
forestiers ont creusé de petits canaux d'écoule-
ment, et vous aurez plein succès. J'ai vu des
pluies excessives annulant le passage. Il avait
lieu, mais avec une rapidité extrême. Elles
semblaient faire force d'ailes pour traverser
les zones inondées qu'elles avaient sur leur
route.

Pendant la pluie, elle s'éloigne des grands
bois. Elle craint l'égout des branches. Elle se
place alors sur le bord des chemins, sur les
lisières, voire même dans les jeunes coupes.
Elle partage en ce point la susceptibilité du
lièvre, que le fracas des branches agitées par
le vent et les gouttes de pluie tombant des
arbres, chassent de la forêt et jettent en plaine.
Je n'ai jamais chassé la Bécasse sans chercher
à découvrir comment elle s'envole, mais toujours infructueusement. Elle s'aide, dit-on, de
son bec. L'exiguïté de ses pattes et la longueur
de ses ailes me portent à le croire. Je penserais
même volontiers qu'elle partage jusqu'à un
certain point l'infirmité du Martinet qui, une
fois posé à terre, ne pourrait reprendre son
vol s'il ne trouvait une petite éminence pour

remédier au peu de longueur de ses tarses et à la longueur exagérée de ses rémiges.

Chaque pays a son mode de chasse. Là, on la chasse au collet, au lacet, au rejet; plus loin, à la pantière ou pantaine : c'est une large nappe tendue en l'air et barrant, comme je l'ai déjà dit, les routes qui se rendent de la forêt à la plaine. L'oiseau, dans son vol du soir, s'y engage, passe sa tête à travers les larges mailles, se débat..., et alors le chasseur, caché et attentif, tire une corde et fait tomber le filet et la proie; on en prend beaucoup ainsi. Dans le Midi, on la chasse à la croule. Les méridionaux ne disent pas que la Bécasse chante ou appelle, ils disent qu'elle croule.

LA CROULE

Chasser la Bécasse à la croule, c'est l'attendre le soir quand mâles et femelles vont véroter aux champs en faisant entendre leur cri d'amour. Elle ne se fait qu'au printemps. Ce mode de chasse est fort amusant lorsque le passage est bon. Il a de plus l'avantage d'être de courte durée.

Avant le déclin du jour on se place à un endroit reconnu favorable, souvent à un carrefour, à une croisée de chemins, à une route aboutissant à la plaine, là enfin où l'on sait que passe l'oiseau. Les chasseurs et les gardes sont parfaitement renseignés à cet égard : ces positions sont souvent traditionnelles. On s'y rend de bonne heure. Il faut faire taire son impatience et assister recueilli au coucher du jour.

C'est un spectacle toujours saisissant. Virgile l'a peint en deux vers charmants :

Et jam summa procul villarum culmina fumant,
Majoresque cadunt altis de montibus umbræ.

Les instants qui précèdent et accompagnent l'attente du soir ont une douceur particulière : l'air est tiède, l'horizon se voile de teintes violâtres, les ombres tombent; dans l'atmosphère volent des effluves printanières annonçant le réveil de la vie; les bourgeons gonflés de séve jettent dans l'air leurs senteurs; les oiseaux saluent de leurs derniers chants le soleil qui fuit vers un autre hémisphère, la grive au haut du chêne, le merle et le rouge-gorge sous les cépées. Les insectes des mousses bruissent; on entend au loin les chiens des fermes, et des villages s'élancent de blanches colonnes de fumée : c'est le feu du soir des chaumières.

Mais attention ! le moment approche...; il est venu : sortez de votre extase poétique; ayez l'œil au vent et le doigt sur la détente.... La première Bécasse a chanté ! Elle apparaît ! son vol est régulier, silencieux; c'est à peu près celui de l'engoulevent prenant son essor aux premières ombres. Elle fait entendre sa voix à intervalles égaux, sans variantes, perpétuellement la même. La seule différence que j'aie jamais remarquée, c'est un peu plus ou un peu moins de gravité ou d'acuité dans les tons. Les petites rousses ont la voix plus aigre.

Après une première Bécasse, une seconde, une troisième, toutes celles enfin qui habitent le quartier. Il arrive qu'elles ne volent pas tout de suite à la plaine et qu'elles font plusieurs tours : c'est quand elles sont suivies d'un galant mâle qui les lutine. Bientôt les voix s'éloignent, s'éloignent, et enfin s'éteignent..... et le bois redevient silencieux !

C'est pendant cette promenade, cette procession, que les chasseurs embusqués la tirent. La détonation, lorsqu'elle n'est pas atteinte, ne la fait pas sensiblement dévier de sa route : elle fait sous le feu un léger crochet et reprend sa course sans plus de hâte. Celles qui les suivent, si c'est leur route, viennent à la même place défier l'habileté du tireur. Le matin, à l'aube, quand elles reviennent du gagnage pour reprendre leur gîte de jour, on peut les attendre au même lieu. A cette heure le passage est très-court. Si quelque paresseuse s'est attardée à véroter dans quelque coin où les lombrics abondent , surprise par la clarté croissante de l'aurore, et effrayée, elle s'élance à tire-d'aile et fait force de rames pour atteindre la forêt.

Le premier croulement de la Bécasse se fait entendre chaque soir à la même heure, au même instant. — J'étais un soir dans une partie de la forêt d'Évreux appelée Clippon. C'est un fond assez encaissé, où les Bécasses sont toujours plus abondantes qu'ailleurs, quand la hauteur des taillis le permet. Le garde m'avait annoncé un passage considérable. La veille il avait tiré infructueusement une dizaine de coups de fusil. Affriandé par son récit, j'y étais allé! J'étais posté où lui-même était la veille, et j'attendais! Le jour s'éteignait rapidement...., le merle avait en vain poussé son *pic, pic, pic,* mais tout était rentré dans le silence. Le temps était frais, piquant.... « Eh bien, Pierre, dis-je au garde qui était à mes côtés, il paraît que les Bécasses ont déménagé? Vous les avez effrayées hier! Partons; je commence à sentir le froid. L'heure est passée! — Patience, patience, reprend-il; le premier coup de l'*Angelus* n'est pas encore sonné, vous ne pouvez donc rien entendre. — Qu'est-ce que vous me chantez avec l'*Angelus,* et qu'a-t-il de commun avec la Bécasse? Le merle s'est fait entendre, la Bécasse

devrait maintenant voler. — Oui, je sais bien
qu'on dit cela ; mais moi, Monsieur, je vous dis
que le merle n'est pour rien dans le passage, et
que c'est l'*Angelus* qui fait tout. Il paraît que
vous ne savez pas encore qu'elle ne chante
jamais avant le premier coup de cloche ? — Je
vous avoue mon ignorance, lui dis-je en riant.
— Eh bien ! vous allez voir si je suis un blagueur.... Mais silence, j'entends craquer la
mécanique...., ça va sonner..... vous allez
voir, vous allez voir, si je suis un blagueur.... »

En ce moment on entendait grincer dans le
clocher de l'église des Baux les cordes dont la
tension allait mettre la cloche en mouvement.
Le marteau vint enfin à frapper son premier
coup, et une onde sonore s'étendit sur toute
la forêt. Mon homme, me saisissant le bras, me
dit à voix basse : « Êtes-vous tout prêt ? —
Oui », murmurai-je plus mystérieusement encore et en souriant.... Je n'avais pas fini, que
de la lisière j'entendais venir à moi une Bécasse,
dont la voix grave faisait comme la basse des
notes argentines qui agitaient l'air.

« Eh bien ! » me dit mon garde d'un air
joyeux...., « tenez, la voyez-vous ? Elle est
sur vous ! »

La pauvre chanteuse tomba morte ! La passée fut excellente ce soir-là. Les jours suivants, le premier son de la cloche et la première voix de la Bécasse furent aussi fortuitement exacts, et jusqu'à sa mort le vieux garde crut fermement à l'influence de l'*Angelus* sur le passage du soir.

Bien fin serait celui qui pourrait dire avec certitude quel est le meilleur temps pour le vol du soir au printemps.

J'ai souvent réussi par une atmosphère tiède : si une petite pluie douce est tombée dans l'après-midi, tout est pour le mieux. Cette rosée bienfaisante a mis la nature en amour, et Bé-casse, comme le reste, en sentira les effets. Son vol sera lent, langoureux, et sa voix plus claire, plus forte, conviera les galants aux tour-nois aériens pendant lesquels la mort vient trop souvent la frapper. Mais je dois avouer aussi que j'ai fait parfois bonne chasse par les temps les plus contraires.

Pour être franc, il faut donc dire que l'in-certitude la plus grande règne sur ce point, et qu'on voit d'excellents passages par les temps que l'on croit le moins favorables, et de très-mauvais par ceux que l'on croit les meilleurs.

Chaque année ce maudit passage fournit de nouvelles énigmes aux chasseurs qui observent. Un Allemand, Schauer, a écrit : « Pendant dix-« sept ans j'ai presque chaque jour observé le « passage des Bécasses en Pologne et en Galli-« cie : pendant cinq années, tous les jours, « sans exception, du 1er au 30 avril, j'ai noté « le jour et l'heure du passage, la température, « l'état de l'atmosphère, le commencement et « la fin de la migration, le nombre des Bécasses « que l'on entendit, que l'on vit et que l'on « tua : j'ai tout observé parfaitement, et quand « maintenant quelqu'un me dit : Vous allez par « ce temps au passage des Bécasses, il n'y en « aura pas ! je réponds : C'est ce dont je vais « m'assurer [1]. »

Les Espagnols ont peint d'un mot tout ce qu'il y a d'irrégulier dans le passage. *Attendre la Bécasse* est un dicton qui s'applique aux choses les plus incertaines.

[1] BREHM, *das Thierleben*.

L'AFFUT AUX MARES

La chasse aux mares est un affût qui se fait
surtout à l'automne, la Bécasse y venant plus
rarement au printemps barboter le soir. On se
place, au crépuscule, au pied d'un arbre, en
pleine ombre, ou bien encore dans une cépée,
dans de hautes herbes, fougères ou autres, dans
un fossé, enfin là où l'on est le mieux caché,
afin qu'on soit confondu avec les objets envi-
ronnants, et qu'on ne se détache pas en silhouette sur le ciel.

Pour ne pas attendre trop longtemps, il faut
arriver un peu avant que la mouche d'affût ait
pris son vol. Les braconniers vous disent que
la Bécasse ne vole jamais qu'après que cette
mouche a quitté sa retraite. C'est tout simple-
ment un géotrupe ou bousier, qui hante les
fientes. Ce scarabée, à la tombée de la nuit,

prend son vol et voyage en faisant entendre un bourdonnement que l'on perçoit d'assez loin dans le silence du soir. C'est une simple coïncidence fortuite. Le géotrupe s'envole à un certain point de la soirée ; la Bécasse à un certain autre qui suit le premier, voilà tout ; mais elle n'attend pas pour partir que l'insecte lui ait dit : Il est temps ! Les gens des forêts y ont vu une entente entre bêtes, et vous n'extirperez pas cette superstition de leur esprit.

L'oiseau arrive quand le jour est presque éteint, souvent très-vite, et se pose dans l'ombre, sur quelque partie molle, vaseuse, où il sait trouver sa pâture ; mais la difficulté en ce moment est de l'apercevoir assez nettement pour pouvoir le tirer. Pendant les premiers instants il reste immobile, il écoute ! Il veut savoir si aucun danger ne le menace. On ne pourrait alors le tirer qu'au jugé et l'on aurait grande chance de le manquer. Ayez un peu de patience ! Il va bientôt gagner l'eau et s'y laver : les rides qui se dessineront à la surface de la mare, les gouttelettes cristallines qu'il fera jaillir dans ses ébats, vous préciseront le point à viser. Il faut, pour bien faire cette chasse, une mire de nuit que l'on peut faire soi-même avec un morceau de cuir ou de carton. On peut aussi entourer le guidon du fusil de deux ou trois tours de fil, et la mince ligne d'ombre qui en résulte permet d'ajuster convenablement. Mais si le guetteur a la possibilité de tirer l'oiseau quand il vole et se dessine sur le ciel, je lui conseille de profiter de l'occasion et de ne pas attendre qu'il se pose, et confonde sa livrée brune avec la sombre bordure du rivage. Pour parer à cette difficulté, les braconniers, qui sont gens d'esprit, ont dans certaines contrées trouvé un remède : ils posent sur un point du bord, pas trop éloigné de leur cachette, un ou deux paniers de marne dont la blancheur tranche sur le brun circonvoisin. L'éclat de cette plaque blanche attire l'oiseau qui s'y pose, et alors sa silhouette, se détachant en noir, offre au tireur un point de mire facile.

Les Bécasses adoptent une mare dans une contrée et y viennent d'assez loin. Elles ne vont pas indifféremment à telle ou telle, c'est toujours à la même qu'elles se rendent le soir. Si dans un bois il y a plusieurs mares, il n'y en a ordinairement qu'une assidûment fréquentée. Quelle est la cause de cette préférence ? C'est vraisemblablement parce que celle-là contient en plus grande quantité les insectes qu'elle aime.

Elle va à l'eau pour s'y laver et y chercher pâture; or, il est juste qu'elle préfère les lieux où elle la trouve largement abondante. La nature des terrains est plus ou moins favorable aux larves que les névroptères (libellules) et les coléoptères aquatiques (gyrins, hydrophiles), etc., y déposent : elles le savent et ne se trompent pas. Tous les ans elles s'y rendent : les bonnes mares restent l'objet de leurs préférences; les mauvaises restent toujours les mauvaises. A voir les générations nouvelles pratiquer les habitudes et les préférences des anciennes, on se demande comment ces traditions se perpétuent, se transmettent d'âge en âge ! Faut-il croire avec le docteur Pfeil au langage des oiseaux ? J'inclinerais à le penser et à croire que les anciens font aux jeunes des cours de périgrinations, tant les habitudes de cette espèce sont identiquement répétées, reproduites chaque année.

La chasse aux mares est interrompue ou largement amoindrie, quand les pluies ont rempli d'eau les ornières des chemins, permettant ainsi à l'oiseau de se désaltérer sur place, sans courir au loin à la mare d'habitude.

En panneautant la perdrix durant la nuit,

dans les plaines, il arrive quelquefois que les braconniers prennent une ou deux Bécasses. Ces oiseaux sont surpris fouillant la terre humide des sillons, où l'eau des pluies a cuvé; mais ces captures sont exceptionnelles et ne constituent pas un mode particulier de chasse.

6

SEXES

Suivant les naturalistes, les sexes se reconnaissent à la coloration plus ou moins foncée des plumes, à la grosseur de l'oiseau.

J'ai mis bien souvent toute ma bonne volonté à reconnaître à l'aide de ces prétendues différences le mâle de la femelle, et je ne l'ai jamais pu. Messieurs les savants indiquent un autre caractère différentiel. Chez le mâle, disent-ils, le bord externe de la première rémige de l'aile est marqué régulièrement de taches brunes, coniques, sur un fond jaunâtre. La partie brune a la forme de dents de scie. Chez la femelle, ce bord externe est liséré d'un bout à l'autre de blanc jaunâtre. Ce sont les seuls caractères sensibles, déterminés, auxquels on puisse reconnaître les sexes. J'ai lieu de douter de l'infaillibilité de ce diagnostic. Longtemps

j'ai cru aux affirmations de la science, mais un
jour l'idée me vint d'exercer mon contrôle. Un
printemps, j'ouvris deux Bécasses que je venais
de tuer. La première portait un pur liséré à la
première rémige : c'était un mâle ayant très-
apparents ses organes générateurs. La seconde
portait la scie à la rémige : c'était une femelle
dont l'ovaire était chargé d'ovules en formation.
Était-ce une anomalie qu'on rencontre, qu'on
constate, et qui n'infirme pas la règle? je ne
sais. Je livre mon observation. Bien que souvent,
depuis, j'ai trouvé à l'autopsie des femelles
portant le liséré blanc et des mâles portant la
scie, j'en suis arrivé à croire que ces signes ne
sont pas caractéristiques des sexes. J'incline à
penser que le pur liséré blanc est le résultat
de l'âge. Cent fois j'ai rencontré des Bécasses
portant un rudiment de liséré avec la scie
commençant à s'effacer; d'autres fois des lisé-
rés presque pleins avec des vestiges de den-
telures encore apparentes et tendant, à une
prochaine mue, à disparaître complétement.
De ces observations, je crois qu'il ne serait pas
téméraire de conclure qu'au jeune âge la règle
est la dentelure ou scie à la première rémige,
et que ce sont les années seules qui décolorent,

rétrécissent et effacent les dents, pour les remplacer par un liséré, qui devient d'autant plus large et plus pur, que l'oiseau est plus vieux. Cependant je n'affirme rien.

A la base de cette première rémige, à la dernière articulation de l'aile se trouve une toute petite plume, fort roide, très-effilée, qui sert, dit-on, ou pourrait servir, de pinceau aux miniaturistes, tant elle est déliée et résistante.

LES BÉCASSES DIMINUENT

Les Bécasses, dont depuis Magné de Marolles (1788) on remarque la diminution croissante, deviennent de nos jours de plus en plus
rares. On en cherche les causes ! J'ai ouï
conter deux versions qui m'ont été données
par un naturaliste. Je vous les livre pour ce
qu'elles valent. En Suède et en Norwége, on
rechercherait leurs œufs comme mets délicat,
ainsi qu'on le fait en Hollande pour ceux du
Vanneau. En second lieu la coquille servirait
à des préparations tinctoriales. Si la première
hypothèse, tirée de la gourmandise des Suédois,
est possible, la seconde me paraît improbable ;
j'ai cru néanmoins devoir la mentionner.

Comme pour les oiseaux qui dorment à
terre la nuit (perdrix, cailles, etc.), on ne peut
dire que les bêtes fauves soient ses ennemies.

Sa nuit se passe en courses et en recherches de nourriture; elle ne dort que le jour, et le jour c'est le temps où l'homme chasse et où les fauves cachés dans leurs terriers attendent pour sortir les premières heures du soir. Les carnassiers des forêts ne sont donc pas les causes de sa diminution.

Une invention moderne dont on ne voit que les utiles résultats, et dont on ne sait pas les effets destructeurs, ornithologiquement parlant, c'est le télégraphe électrique. L'Europe est sillonnée de fils. Les routes des migrateurs nocturnes sont barrées par ces réseaux invisibles contre lesquels beaucoup se heurtent la nuit, se tuent ou s'estropient. C'était cependant assez des phares qui bordent l'Océan, et sur les glaces desquels ils vont par les nuits se briser la tête, attirés qu'ils sont par l'éclat du foyer lumineux. Les fils télégraphiques détruisent considérablement de Bécasses, demandez-le plutôt aux gardiens des chemins de fer qui au matin sont de service sur la voie.

La cause la plus vraie, je crois, est dans l'augmentation du nombre des chasseurs, dans le perfectionnement des fusils, dans la facilité de transporter le gibier à des distances consi-

dérables, à l'aide des chemins de fer, et enfin
dans la cherté croissante dont elle est l'objet, à
cause de la délicatesse de sa chair et de sa
haute valeur culinaire. M. Coste signale comme
cause de la destruction des huîtrières l'énorme
augmentation de consommation de ce mollus-
que, maintenant facilement transportable par
la vapeur à tous les points de l'Europe. Les
pêcheurs, alléchés par des ventes rémunéra-
trices, prenant tout, grosses et petites huîtres,
sans les laisser se reproduire, ont détruit les
bancs, et c'est aujourd'hui presque exclusivement la pisciculture maritime qui nous fournit
celles qui paraissent sur nos tables. Pourquoi
n'en serait-il pas de même de la Bécasse?
Pourquoi ne pas admettre que recherchée de
toutes les tables opulentes, mets d'élite et de
haute saveur, facilement transportable au loin,
depuis l'établissement des chemins de fer et des
bateaux à vapeur, elle soit l'objet d'une chasse
ardente dans les pays où jadis elle vivait paisible, protégée par les mauvaises armes et
l'éloignement des centres de vente et de consommation? Déjà les Tétras, la Gelinotte, dimi-
nuent depuis qu'on les peut faire venir frais
et savoureux d'Ecosse, de Russie, du Tyrol,

des Carpathes et de tous les pays montagneux.

La Bécasse est dans les mêmes conditions, je dirai même dans des conditions plus défavorables, parce que sa chair est infiniment supérieure à celle de tous les gallinacés des pays froids. On pourrait formuler ainsi une règle : les êtres dans la nature sont menacés et détruits, en raison directe de leur valeur culinaire et par conséquent de leur prix. Que de races s'éteindront ainsi si des lois protectrices ne viennent les sauvegarder!

Dans toutes les langues, le nom de Bécasse, depuis l'étymologie grecque *scolops*, qui veut dire *pieu*, rappelle la forme de son bec ou sa myopie. Sa dénomination française actuelle vient du mot latin *acus*, aiguille. En vieux français son nom était Bec-d'asse (bec d'aiguille). Elle était aussi appelée Videcoq. Les Anglais la nomment *Woodcock* ou coq de bois. Son nom italien est *Beccaccia*; en patois toscan *la ciega*, l'aveugle; en espagnol *Becada*, et en allemand *Schnepfe*.

Si jadis on avait connu l'art avec lequel elle panse ses blessures, on lui eût peut-être donné un nom dont la racine eût rappelé son talent chirurgical. Voici ce qu'en dit Tschudi : « Quand

« elles ont les os fracturés, elles se tiennent
« immobiles, détachent à l'aide de leur bec de
« petites plumes de leur ventre et les appliquent
« une à une sur les blessures de la peau, de
« manière à les entourer, les tiges en dehors.
« Le liquide qui s'épanche de la blessure colle
« et réunit ces plumes de manière à en former
« un véritable appareil solide autour du mem-
« bre fracturé [1]. »

Chirurgienne pendant sa vie, elle avait
encore après sa mort une certaine valeur phar-
maceutique. Dans le *Codex medicamentarius
seu Pharmacopea gallica,* on mentionne la bile
de Bécasse comme fréquemment employée.

J'ai lu un jour dans un journal de sport un
article d'amateur sur la manière de rendre la
Bécasse sédentaire. L'auteur faisait part aux
abonnés de cette feuille d'une trouvaille dont
il paraissait fort heureux : il recommandait la
Bécasse comme oiseau de parc. Il fallait employer
pour elle les procédés mis en pratique pour la
perdrix : la récolte des œufs et l'incubation, soit
artificielle, soit par des poules. Il garantissait
le succès, et alors, disait-il, on peut se figurer

[1] *Les Alpes,* p. 87.

la joie de l'amphitryon qui présente à ses
invités des tirés de Bécasses aussi bien que des
tirés de Faisans. L'auteur de ce naïf article ne
s'occupait pas des voies et moyens, des possi-
bilités d'alimentation, d'hivernage, de quelles
contrées les œufs pouvaient être tirés, des
instincts voyageurs de l'oiseau . . . . rien. Il
disait seulement : cultivez la Bécasse; je viens
de la découvrir comme gibier nouveau de nos
tirés! Dans les climats froids, on ne domestique
pas les insectivores; c'est ce qu'ignorait l'ingé-
nieux sportsman.

Le roi d'Italie est le seul des souverains
d'Europe qui ait, quoi que j'aie dit, des tirés de
Bécasses ; mais c'est le hasard et non la science
qui les lui donne.

Au sud de Naples, dans la terre de Labour, à
Carditello, à la base de l'Apennin, le dernier
des Bourbons, chasseur émérite, avait établi une
des trois grandes garennes placées à portée de
sa capitale. Pour celle qui nous occupe, la nature
avait fait tous les frais : elle avait réuni dans
un même petit coin toutes les conditions favorables à l'hivernage de la Bécasse. Le roi le vit
et y créa un tiré unique. A l'automne l'oiseau
nous quitte et cingle vers le midi. Il arrive en

Italie, dans la partie méridionale, et là, trouvant une douce température et de chaudes haleines, il s'y arrête. Il se fixe de préférence sur les pentes de l'Apennin et de ses contreforts; il y trouve de riches terreaux et y fait chère lie; mais l'hiver gagne à la fin les cimes des chaînes méridionales et y étend son blanc manteau. C'est à ces premières neiges qu'il descend dans les tirés du Roi. Ces espaces réservés et gardés avec un soin jaloux se composent de petits bois, de végétations rabougries où s'enlacent des plantes parasites. A part les chemins soigneusement entretenus, la main de l'homme ne touche pas les taillis. D'abondantes sources y forment de petits ruisseaux dont jamais le vent du nord ne congèle la surface. C'est là que les Bécasses, fuyant la neige des sommets, descendent et s'abritent. Elles s'y entassent si bien, qu'il est peu de chasses aux perdreaux, en primeur, qui puissent donner d'aussi beaux résultats. On en tua jusqu'à quatre cents en un jour.

Une semblable chasse nous paraît tenir du prodige et nous y croyons à peine, et cependant en Grèce, dans le Péloponèse, on fait de bien autres hécatombes dans les chasses non gardées. Brehm [1] nous parle de trois Anglais qui, chassant entre Patras et Pyrgos, tuèrent mille Bécasses en trois jours. C'est dire l'entassement de ces oiseaux qui viennent dans ces contrées, soit hiverner, soit attendre le vent favorable pour passer en Afrique.

La descente de la Bécasse vers les latitudes méridionales n'est aujourd'hui un mystère pour personne, et tout chasseur sait qu'elle émigre du nord au sud et non de l'est à l'ouest, comme l'alouette. Il est cependant un auteur anglais, Marksman, qui prétend qu'aux gelées elle se rapproche de la mer, et qu'à marée basse elle descend sur le sable et s'y nourrit de vers. C'est le seul écrivain qui ait avancé une semblable hérésie, et elle tombe d'elle-même en présence des observations de chaque année.

[1] *Das Thierleben.*

ÉDUCABILITÉ

Si la Bécasse ne peut devenir gibier de garenne à cause d'une nourriture spécialement insectivore et d'habitudes migratrices, elle peut encore moins vivre en cage. Les Allemands, que rien n'arrête, ont cependant tenté d'en faire un oiseau de volière, ou, suivant l'expression germanique, un oiseau de chambre. La rendre sédentaire et diurne, l'accoutumer à une pâtée nouvelle, étaient choses impossibles, et leurs essais sont restés sans succès, car Bechstein ne parle que d'une seule Bécasse apprivoisée, qu'on voyait il y a une vingtaine d'années à Carlsruhe. Elle peut cependant devenir familière ; il faut, m'objectera-t-on, des conditions exceptionnelles, rares à réaliser ; soit, je le reconnais, mais le fait existe néanmoins.

Un vieux forestier misanthrope s'était retiré

près d'Anet; il avait acheté une assez vaste pro-
priété en partie boisée, à travers les bosquets
de laquelle serpentait un ruisseau. Le terrain
était humide, planté d'aulnes et de saules; nul
bruit ne rompait la solitude du lieu; pas d'im-
portuns, aucunes visites ne troublaient le silence
du parc. Les oiseaux seuls y faisaient entendre
leurs voix et y vivaient dans une inaltérable
confiance. Le forestier, M. R....., s'y prome-
nait tout le jour, silencieux, au milieu des
bandes gazouillantes. Un jour, à l'automne,
une Bécasse vint s'y poser.....! Bon gîte, sécurité, table abondante, tout y était réuni. Un
homme, un seul, faisait de fréquentes appari-
tions, mais tout en lui révélait un ami. L'oiseau
timide s'y fixa, se tenant d'abord sur ses gardes;
prudent, il s'envolait quand le bonhomme s'ap-
prochait de trop près; bientôt il ne se déroba
plus qu'en courant, pour aller se mettre derrière
quelque touffe voisine; enfin, petit à petit, il
s'habitua à voir ce marcheur muet passant et
repassant. Puis il s'enhardit jusqu'à venir
prendre les vers qu'il semait à dessein sur son
passage. Au bout de quelques mois, il les rece-
vait de sa main. Sa confiance, basée sur sa
sécurité non troublée et sur la reconnaissance

de son estomac, finit par devenir si grande qu'il accourait à la voix de son ami. Cette intimité dura cinq ans. Cette gentille bête revenait des premières à chaque automne, et la joie du bonhomme éclatait au retour de son oiseau. La sixième année, il l'attendit de longs jours ; la pauvre Bécasse ne reparut plus ; elle avait sans doute été tuée ou prise pendant le voyage.

Cette Bécasse devait avoir la tête plus développée que celles de ses semblables vivant loin de tout contact humain. La société de l'homme ouvre l'intelligence des animaux ; ils pensent, ils jugent, ils acquièrent une expérience qui n'est que le souvenir et la comparaison des faits passés, et ce travail intellectuel se traduit par un développement plus considérable de l'encéphale, et par conséquent de la boîte crânienne qui l'enferme. Un jour, Gall, à son cours, vérifia ce fait, justement à propos de la Bécasse. Il parlait de l'éducation des oiseaux, de leurs rapports avec l'homme, et des modifications que subissait l'organe cérébral. Un de ses auditeurs, pour l'éprouver, alla chercher deux têtes de Bécasses, dont l'une avait été tuée sauvage, tandis que l'autre était morte en domesticité. Blessée à l'aile par un chasseur, cette dernière avait été conservée vivante, apprivoisée, et gardée plusieurs années. Le disciple demanda au maître de les distinguer ; Gall ne s'y trompa pas ; il reconnut immédiatement celle qui avait subi le contact de l'homme, et montra à son auditoire le développement particulier de son front.

La couleur du plumage de la Bécasse est la démonstration la plus éloquente de la prévoyance de la nature qui donne aux oiseaux, et surtout aux espèces faibles et recherchées, une coloration qui se rapproche du milieu qu'elles hantent. Par là elles peuvent échapper à l'œil de l'ennemi, en confondant leur livrée avec les tons ambiants. Une aile rapide, une ouïe parfaite et une robe couleur de feuilles mortes, sont les seules armes défensives qu'elle ait reçues du souverain dispensateur. Presque tous les oiseaux-gibier ont été l'objet de la même attention. La perdrix grise, si elle fréquente exclusivement la plaine, est couleur des guérets ; si elle hante les lisières des forêts, elle revêt une teinte plus foncée. La caille, par les bigarrures ternes de son dos, disparaît à l'œil dans le fond des sillons où elle cherche sa nourriture. La Bécassine est brune comme les prés tourbeux où on la chasse. Les petits échassiers des vases molles : chevaliers, barges, combattants, etc., ont le corps brunâtre des bords fangeux où ils s'ébattent. Les vanneaux, les pluviers, qui aiment les prairies humides, sont verdâtres. Les outardes, rapides coureurs des terrains crayeux et des espaces peu fertiles, sont gris fauve. L'œdicnème, plus commun chez nous, est dans des conditions identiques, etc., etc.

COMESTIBILITÉ

La nature procède toujours par compensations. Elle n'accumule jamais tous ses dons sur une même tête. Elle donne exclusivement ou la couleur, ou le chant, ou la succulence de la chair. Le soleil des tropiques fait éclore les colorations les plus fantastiques, les plus merveilleuses, mais les oiseaux sont sans voix. Ceux de nos bois, au contraire, sans éclat, sans parure, nous enchantent par leurs concerts; nulle livrée n'est plus modeste que celle du rossignol, des fauvettes, du rouge-gorge, du merle, de la grive, etc., etc., mais rien n'égale au printemps le charme de leurs chants.

La Bécasse, elle, ne chante pas; elle n'a pas non plus l'éclat du bouvreuil, du chardonneret, du loriot, du pic-vert, du martin-pêcheur, mais elle pousse au dernier degré

l'excellence de la chair. C'est un manger de
haut goût, de saveur unique, riche en pro-
priétés excitantes, en vertus aphrodisiaques.
Elle devrait être le plat indispensable de tout
repas de fiançailles, comme en Chine l'iné-
vitable et gluant tripang et les ailerons de
requin.

Ces qualités spéciales, elle les doit toutes à
sa nourriture. Elle est vermivore et coléoptérophage. Elle fouille les fientes de vaches pour
y chercher les insectes bousiers qui les sillonnent. Elle sonde de son bec les champignons
en décomposition pour y saisir les cryptophages
et les larves qui les perforent; or, cryptophages
et bousiers sont des insectes à élytres, c'est-
à-dire des coléoptères, et comme les individus
de cet ordre contiennent tous, plus ou moins,
des principes vésicants, mais à un moindre
degré, bien entendu, que les Meloë et les Litta
(Cantharides), il suit de là que le salmis de
Bécasses qui vous est servi contient lui-même,
modifiés par l'assimilation, les principes sti-
mulants que renfermaient les coléoptères dont
l'oiseau vivant s'est gorgé. Ajoutez qu'elles
aiment beaucoup les fourmis et leurs larves,
riches en acide formique, et vous comprendrez

sans peine les qualités particulières de ce mets
sans rival.

Au xvi⁰ siècle, en France, on mangeait la
Bécasse rôtie. *Le Menagier de Paris* (Paris,
1540) donne le mode de préparation.

Plouviers et Videcoqs (Bécasses).

« Plumer à sec, brûler et laisser les piés :
« rostir et mengier au sel. Et nota que trois
« paires d'oiseaulx sont que les aucuns queux
« rôtissent sans effondrer, scilicet aloës, turtres
« et plouviers, pourceque leurs bouyaux sont
« gras et sans ordures. »

Au xvii⁰ siècle on peut croire d'après *le
Trésor de santé* (Lyon, 1616) qu'elle a baissé
dans l'estime des gourmands. On y lit : « Elle
« tient du naturel des oyseaulx de rivière, car
« quelque délicate quelle soit, si tend elle à un
« suc melancholique. Elle a la chair plus rou-
« geâtre que la perdrix et moins blanche. Sa
« saison est en hyver ; ses excrements valent
« mieux que sa chair. »

En Italie, au xvi⁰ siècle, on la prenait vivante, au lacet, et on l'engraissait avec une pâte
faite de farine de sarrasin et de figues. C'était
un reste d'usage de la vieille Rome, où aucun

gibier ne paraissait sur les tables sans avoir préalablement passé par la volière et y avoir été engraissé. Les grives, les merles, les tourterelles, les ramiers, etc., etc., toute la gent emplumée était livrée aux mains d'esclaves spéciaux, jusqu'aux oies elles-mêmes, que l'on choisissait blanches, et qui, nourries de figues, donnaient déjà aux gourmands leurs foies délicieux.

Pinguibus et ficis pastum jecur anseris albæ [1].

La Bécasse, soumise aux mêmes préparations, devait perdre toutes ses qualités, tout son fumet, elle devenait insipide. Elle descendait au rang du Pigeon ou de la Tourterelle, et tombait de son piédestal!

Bien que réduite à nos yeux, par la sagination, au rang des chairs peu ou point sapides, elle n'en fut pas moins jusqu'à Vitellius un des principaux oiseaux des tables romaines. Mais à cette époque il lui fallut déchoir et céder le pas à la perdrix qui venait d'apparaître en Italie. L'engouement de la nouveauté fit de cette dernière le mets obligé des tables somptueuses, et la Bécasse ne vint plus qu'à

[1] HORACE, liv. II, sat. VIII.

un rang secondaire. Martial nous conte en un distique la victoire de la perdrix :

Rustica sim an Perdix, quid refert si sapor idem est;
Carior est Perdix, sic sapit illa magis.

Que je sois Bécasse ou perdrix, qu'importe, si ma saveur est aussi délicate ! La perdrix se paye plus cher : c'est pour cela qu'elle a plus de goût.

L'apparition de la perdrix dans la Gaule cisalpine doit être fixée, au dire de Pline, à la seconde moitié du 1er siècle de l'ère chrétienne. Il l'appelle *avis nova*, oiseau nouveau. *Advenerunt*, écrit-il, *bellis Bebriascensibus civilibus, in Italiam, aves novæ, quæ adhuc nomen retinent, paulo infra colombas magnitudine, turdorum specie, sapore gratæ.* La bataille de Bebriac ou de Bedriac fut livrée l'an 69 de J. C., et cet oiseau un peu plus petit qu'une colombe, qui avait la tournure d'une grive, et qui était d'une saveur agréable, n'était autre que la perdrix roquette, aujourd'hui encore errante et vagabonde, qui, ayant franchi les Alpes, s'établissait dans les riches campagnes de la Cisalpine, où elle devait former la souche des perdrix sédentaires que nous connaissons tous aujourd'hui.

Au xvıı⁽ᵉ⁾ siècle, elle était très-recherchée en Allemagne, et tenait, sur les tables délicates, une des premières places parmi les gibiers de haut goût ; mais, plus intelligents et plus gourmets que les Italiens, les Allemands ne la détérioraient pas par l'engraissement. Ils la mangeaient moins obèse, mais dans la plénitude de sa saveur et avec toute sa puissance stimulante.

Quand on sert un salmis au doux fumet, reposant sur des croûtes saturées des parfums intérieurs de l'oiseau, il ne vient pas à l'esprit que cette petite bête ait pu jamais avoir d'autre rôle que de charmer les estomacs des gourmands. L'histoire, cependant, paraît nous enseigner le contraire ! Un écrivain humoristique eut un jour la bizarre idée de faire un chapitre intitulé : *De l'influence du Rouge-Gorge sur l'équilibre européen* ! Moi, je crois qu'il ne serait pas impossible d'écrire une page avec ce titre : *De l'influence de la Bécasse sur la Réforme* !.... Vous riez ? vous avez tort,... je parle sérieusement !...

C'était dans le premier quart du xvı⁽ᵉ⁾ siècle, Luther encore obscur venait de lever l'étendard de la révolte.... La colère du pape était déchaî-

née ; les catholiques criaient à l'hérésie et se
répandaient en menaces ; le hardi moine allait
payer de sa vie ses audaces et sa rébellion,
quand l'électeur de Saxe, pour le soustraire à
d'impitoyables ennemis, lui ouvrit les portes du
château de la Wartbourg. L'ascète, dès lors,
entra dans une nouvelle vie ; somptueuse existence, chasses, longs et plantureux festins succédèrent subitement pour lui aux sévérités et
aux privations du cloître. Frédéric était maître
en la science de bien vivre, sa table était au loin
renommée pour sa recherche. L'estomac du
pauvre moine succomba à la tentation ! En ce
temps, dans les festins allemands, le gibier
tenait la plus large place ; aux fortes pièces de
venaison, se mêlaient les fines chairs des oiseaux
que contenaient à foison les plaines, les marais
et les forêts germaniques. Au premier rang de
tous ces blancs-mangers trônait la Bécasse !
Puissante par ses effets, elle était particulièrement recherchée de ces hommes qui ne vivaient
que pour la guerre, les festins et l'amour.
Luther en ressentit les effets ! On le voit dès
lors, tourmenté par le démon de la concupis-
cence, confiant à Mélanchton tout ce qu'ont de
cruel les douleurs physiques qu'il endure. « Ma

« chair indomptée me brûle d'un feu dévorant!
« Moi qui devrais être consumé par l'esprit, je
« me consume en désirs charnels!.... Je ne suis
« que luxure, paresse, oisiveté, somnolence. »

Jusqu'à son entrée à la Wartbourg, ses instincts profondément mystiques lui avaient
montré le célibat des prêtres comme une nécessité de la vie religieuse. En quittant les do-
maines de l'Électeur de Saxe, le mariage des
ministres était à jamais résolu dans son esprit.

Comme la plupart des oiseaux, la Bécasse est
sujette à des variations de couleur, bien que
fort rarement. Je n'ai constaté *de visu* que
quelques cas d'albinisme; j'ai vu entre autres
un sujet couleur chamois clair, avec de fines
stries un peu plus foncées à l'extrémité des
plumes, et d'un ensemble très-harmonieux. J'en
ai vu un autre entièrement blanc, avec l'iris
de l'œil rouge, comme on le constate chez les
albinos de toutes races.

La longueur de son bec expose ce pauvre
oiseau à de durs mécomptes : qu'un plomb en
brise l'extrémité, et le voilà, sans autre blessure, condamné à mourir de faim. J'en ai
souvent tué d'une maigreur extrême, soumis,
pendant de longs jours sans doute, au supplice

de Tantale, mourant de besoin à côté d'une nourriture qu'ils ne pouvaient saisir.

J'en tuai une, une fois, qui n'avait qu'une jambe; cette mutilation n'était pas nouvelle, car l'oiseau était gras et dodu. Le tarse avait été coupé à l'articulation, la cuisse seule restait, mais atrophiée, tandis que l'autre, sur laquelle pesait tout le poids du corps, avait pris un développement considérable. Elle était d'une moitié plus forte que dans l'état normal.

La Bécasse est oiseau héraldique. Segoing [1] donne les armes d'une famille de Begassoux, qui portaient d'azur à trois têtes de Bécasses d'or.

D'Hozier [2] mentionne celles d'une famille de Begasson portant d'argent à une Bécasse de gueules. Il est plus que probable que les noms de ces familles ne furent d'abord que des surnoms; qu'une imperfection physique, que le nez un peu long, trop pointu, d'un ancêtre, motivèrent cette épithète. C'est ainsi que se sont formés beaucoup de noms actuels, Lebrun, Leroux, Lefort, Lechat, et tant d'autres faciles à citer. Peut-être encore les Begassoux et les

[1] *Trésor héraldique.*
[2] *Armorial général.*

Begasson durent-ils cette dénomination à l'ardeur particulière que mettait à chasser la Bécasse quelque grand oncle, disciple enragé de saint Hubert. Peut-être enfin, le salmis de Bécasses était-il en honneur particulier dans ces maisons..... Je ne sais, je cherche, et je m'en tiens là !

Si ce nom ne se retrouve plus dans les familles, il est du moins resté dans notre langue familière, comme épithète presque injurieuse ; on la donne aux femmes et aux filles, surtout aux vieilles, dont le caractère est aigre, difficile ou susceptible. C'est une *Bécasse,* dit-on, et ce surnom est un jugement sévère qui peint d'un mot un esprit anguleux et étroit !

ANATOMIE

Anatomiquement parlant, la construction de la Bécasse est remarquable; elle est le trait d'union des Gallinacés pulvérulateurs aux Échassiers longirostres. Elle a les tarses des premiers et le bec des seconds. Elle est insectivore, coléoptérophage, comme les gallinacés, mais sans être granivore. Comme les Échassiers, qui ont l'œil des nocturnes, sans en avoir la dimension ni l'iris, son œil n'a la plénitude de sa force que le soir, et l'on peut dire que sa puissance est en raison inverse de la lumière. La Bécasse est un oiseau de transition.

BEC

Ce qui frappe tout d'abord au premier aspect, c'est la tête; disséquée, le plus grand intérêt se concentre sur le bec. Sa construction est parfaite; il est solide en même temps que

léger. La membrane cornée qui le recouvre
n'en laisse pas apercevoir la composition ; c'est
quand elle est enlevée après macération, qu'on
en voit l'intelligent agencement. Il se compose
de cinq lamelles osseuses, trois pour la mandibule supérieure et deux pour l'inférieure. Elles
sont réunies et soudées à leur extrémité anté-
rieure qui en est la pointe.

Au premier tiers antérieur de la mandibule
supérieure, elles s'éloignent les unes des autres,
perdent leur épaisseur, restent à l'état de
lamelles, et cette réunion de conditions donne à
cette branche une flexibilité qu'on ne rencontre
que dans la famille des Scolopacinées. Chez
tous les autres oiseaux la mandibule supérieure
est fixe, immobile, d'une pièce, soudée à la tête
et ne s'articulant pas. La mandibule inférieure
rentre dans la règle commune ; elle est mobile
et s'insère comme toujours à l'os tympanique.
La diminution des lames de la mandibule supérieure chez la Bécasse n'est pas le résultat d'un
aveugle hasard ; elle est faite, grâce à de petits
muscles spéciaux, pour rendre opposables les
deux branches du bec, qui de la sorte agissent
à la façon de deux doigts qui saisissent.

Ce bec déjà si habilement bâti est de plus

doué d'une tactilité particulière ; de fins cordons nerveux viennent s'épanouir dans le bout
renflé qui le termine ; aussi, lorsque l'oiseau
explore les vases un peu profondes, a-t-il notion
des insectes, des larves et de toutes les proies
qu'il doit saisir. Ce n'est pas au hasard qu'il
sonde ; la sensibilité tactile qui lui a été dépar-
tie l'éclaire sur la nature des aliments dont il
doit se nourrir. Il a dans le bec un sens spécial
aux seules scolopacinées. Tous les autres oiseaux
que l'œil ne peut guider dans la recherche de la
nourriture, comme les plongeurs, les canards,
les Oies, etc., prennent en aveugles et avalent
souvent des matières étrangères à leur alimentation. Les Bécasses au contraire saisissent en
connaissance de cause. Dans ce travail d'explora-
tion et de reconnaissance alimentaire, la langue
est un aide puissant. Elle signale au bec la
présence des corps, et le bec en juge la nature.
Cette langue est longue, acuminée, cornée ; ses
deux bords se relèvent un peu et forment un
sillon au milieu. Les os hyoïdes qui la termi-
nent lui donnent un certain degré de rétracti-
lité ; l'oiseau peut donc la lancer hors de l'extrémité de son bec, et agrandir ainsi le rayon
de ses recherches. Elle s'insère par les cornes

hyoïdiennes sous l'extrémité des branches de la mandibule inférieure. Cette extensibilité linguale est en rapport avec la profondeur des vases, des terreaux que doit fouiller l'oiseau; mais, quoi qu'on ait pu dire de sa faculté de s'allonger, elle est loin de pouvoir le faire à la façon des Pics. Ces derniers qui doivent la lancer à de grandes distances, sous les écorces vermoulues, dans les trous profonds, pour en retirer, à l'aide de la glu qui l'enduit, les larves qui s'y cachent; chez les Pics, dis-je, elle s'étire, grâce à l'élasticité particulière des branches hyoïdiennes qui, contournant la base du crâne, remontent à sa surface supérieure et, par une gouttière particulière creusée sur le sommet du front, s'insèrent à la base du bec près de la narine droite.

ŒIL

L'œil est uniformément noir, sans iris distinct; la pupille est large et dilatable comme chez tous les crépusculaires; son volume est hors de toute proportion avec le volume de la tête : il en occupe le tiers. Il est placé à l'occiput, vers le sommet; sa grosseur est la démonstration de son

excellence et de sa finesse, dans les conditions
extérieures voulues, c'est-à-dire quand la vive
lumière du jour a fait place aux ombres du soir.
Comme tous les yeux à double fin, j'entends
faits pour la nuit aussi bien que pour le jour,
le sien est muni d'une membrane nyctitante. Ce
voile chez les mammifères est appelé corps cli-
gnotant et n'a d'autre fonction que de nettoyer
la cornée des impuretés qui pourraient s'y fixer
et gêner la vision. Chez la Bécasse, la membrane
nyctitante est surtout faite pour adoucir les
rayons lumineux qui arriveraient trop intenses
et trop nombreux par sa pupille trop ouverte.
Elle a sa base vers l'angle antérieur de l'œil et
se meut d'avant en arrière par le jeu de deux
petits muscles spéciaux ; elle se replie par sa
propre élasticité.

Près de l'œil, vers l'occiput, se trouve un ren-
flement, grand relativement aux proportions du
crâne : c'est la bosse des localités. La Bécasse la
porte à la partie postérieure des orbites, tandis
que chez l'homme elle est placée à la partie anté-
rieure de l'œil et immédiatement au-dessus du
sourcil [1]. Ce merveilleux instinct d'orientation

[1] GALL, t. IV, p. 58.

qui lui indique ses chemins aériens, qui la fait revenir chaque automne fidèlement aux mêmes lieux, aux mêmes mares, s'explique par ce don spécial dont Gall a reconnu le siége.

OUIE

Elle possède le sens de l'ouïe très-développé. A mesure que des espèces diurnes on monte vers les crépusculaires, puis vers les nocturnes, l'appareil auriculaire suit un *crescendo* sensible : petit ou moyen dans les premiers, il s'élargit dans les seconds; et quand on arrive aux nocturnes exclusifs, il atteint son maximum de développement. Chez la Bécasse il est placé au-dessous de l'œil; de fines plumules l'entourent, le masquent, et par leur ténuité ne peuvent nuire à la perception des sons. Le développement considérable de l'appareil auditif chez les crépusculaires et les nocturnes est une nécessité de leur genre de vie. Il lui faut une grande finesse, une délicatesse particulière. Il est indispensable que dans l'ombre, la nuit, l'oiseau perçoive le moindre petit bruit annonçant le voisinage de la proie qu'il cherche. Instruits de la direction, les yeux cherchent et découvrent.

8

L'ouïe et la vue se complètent en se prêtant un mutuel appui.

COU

Le cou a une longueur moyenne entre celle des gallinacés et des échassiers. Il est très-flexible, très-mobile, et ne s'articulant avec la tête que par un seul condyle, l'oiseau peut promener son long bec sur toutes les parties de son corps et vaquer sans effort à la toilette de ses plumes. Il les étire et les lisse sans peine, qu'elles soient sur le dos, sous le ventre ou sur les flancs.

STERNUM

L'inspection du sternum donne, pour toutes les espèces, la mesure exacte de la puissance de vol. Son développement et sa forme sont proportionnés à l'importance des fonctions qu'il doit remplir.

Le sternum est cette plaque osseuse que couvrent les pectoraux et qui est surmontée d'une crête également osseuse, qu'on nomme Bréchet. A ce dernier est liée la Fourchette par un ligament plus ou moins long. Cette Fourchette est elle-même reliée d'autre côté au Sternum par les deux Coracoïdiens. Le Bréchet perpendiculairement planté sur le Sternum forme de chacun de ses côtés une gouttière profonde où sont logés les gros muscles pectoraux qui font mouvoir les ailes. Plus le Bréchet est haut, plus ces muscles sont nombreux et puissants, et conséquemment plus la force du vol est grande. La nature qui ne dépense pas en vain ses forces créatrices, et supprime les membres et les organes inutiles, ou les atténue en cas de demi-utilité, a notablement réduit les proportions du bréchet chez les oiseaux coureurs et qui ne volent qu'accessoirement. Quand l'oiseau est exclusivement coureur, comme l'autruche, il est presque entièrement supprimé.

Un bréchet haut, fort, donne la certitude d'un vol rapide; mais les vols soutenus, de longue haleine, ne sont possibles qu'avec l'aide d'un large sternum. Les oiseaux dont l'état habituel est le vol, comme les melliphages, oiseaux-mouches, colibris, etc., etc., vrais papillons qui volent et butinent tout le jour, les espèces océaniennes, petrels, albatros, frégates, etc., etc., les rapaces grands et petits, tous ont un sternum épais et de lar-

geur presque égale en haut et en bas. Sur ces
données il est facile de juger le vol de la Bécasse. Son bréchet indique la possibilité d'un
vol rapide, mais son sternum étroit, surtout à
l'insertion des coracoïdiens, démontre que le
vol n'est pas l'état habituel de l'oiseau. Enfin, et
comme trait final, la brièveté de sa queue concourt à la même signification, à la même preuve.
Tous les oiseaux à vol puissant comme les falconiens, les pigeons, les hirondelles, etc., etc.,
ont une queue longue, munie d'un appareil
musculaire particulier qui permet de l'étaler, de
la replier, de l'abaisser, de la porter à droite ou
à gauche, d'en faire en un mot un vrai gouver-
nail. C'est le complément de l'appareil du vol,
des vols longtemps soutenus. Il manque à la
Bécasse, qui n'est donc qu'un oiseau de vol mo-
mentané et en ligne droite, ses crochets au départ n'étant qu'accidentels et de courte durée.

JAMBE

A l'inspection de la cuisse et de la patte on
diagnostique immédiatement un oiseau coureur. La cuisse est épaisse, parfaitement gigo-
tée, riche en muscles. Elle est courte, le tarse

l'est également. L'articulation qui joint le tibia au tarse est d'une flexibilité médiocre, ce qui a fait croire que la Bécasse courait sans presque fléchir la jambe.

La patte se compose de trois doigts grêles, éloignés, et d'un doigt rudimentaire fixé à la partie postérieure. Au point de jonction et touchant la terre se trouve la plante, où vient aboutir pour se répandre dans les doigts la partie tendineuse du tarse. On prétend que les Bécasses, comme la plupart des échassiers, ont dans les pieds une certaine sensibilité tactile. Le docteur Chenu la reconnaît à des papilles agglomérées et formant de petits mamelons soit à la plante, soit à chaque articulation des doigts. Les oiseaux de ces classes, ayant l'habitude de piétiner le sol avant de le fouiller, seraient préalablement avertis de la présence des insectes ou de leur absence.

INTESTIN

L'intestin de l'oiseau a moins d'importance au point de vue anatomique qu'au point de vue culinaire. Il est comme bobiné sur un noyau de graisse blanche qui en forme le centre; dans ses méandres, la même fine graisse le soude, en relie tous les contours, et en compose une pelote odorante. Ce parfum *sui generis* qu'exhale un bon salmis existe dans l'oiseau à l'état cru. Il est alors d'une fraîcheur et d'une finesse extrêmes. La coction ne le détruit pas, mais la science de la cuisinière doit être de ne pas le masquer par des condiments d'arome ou de saveur absorbants. Cuire l'oiseau, développer par une coction discrète les effluves sapides qu'il renferme, faire concourir à sa préparation ultime tous condiments qui accompagnent ou rehaussent cette saveur, sans l'atténuer, tel doit être le but, l'unique but de l'artiste qui prépare le salmis.

COMMENT ON LA MANGE

Il est impossible, après avoir dit ses mœurs,
ses habitudes, ses voyages, les différentes manières de la chasser, de ne pas indiquer comment on mange la Bécasse, car le vrai chasseur
ne cherche pas à cacher qu'un grain de gas-
tronomie se mêle à l'ardeur de ses poursuites.
J'en ai même vu, et des meilleurs, qui la pré-
paraient de leurs mains et délicieusement. La
science culinaire s'allie parfaitement à celle de
la chasse, et nombre de fois j'ai constaté que
d'excellents chasseurs étaient d'excellents cuisiniers, sautant à ravir le lapin de garenne,
cuisant de main de maître le gigot à la Bas-
quaise, élucubrant comme Carême le civet et
l'omelette au lard. On bénit ces talents, quand
arrivant à l'auberge ou chez le garde, à l'heure
du déjeuner, on constate avec effroi le vide

du garde-manger. C'est alors que le Vatel de
la bande met habit bas, retrousse ses man-
ches, ceint le tablier, et sert au bout d'une
heure, à la troupe affamée, un vrai festin de
Balthazar.

Le point capital pour bien manger une Bécasse, c'est de ne jamais la livrer à la cuisinière que légèrement faisandée; l'arome particulier de sa chair ne se développe que par la
fermentation. Si vous la mangez fraîche, vous
aurez un gibier sans grande saveur, et vous n'aurez pas plutôt porté la première bouchée à votre
bouche, que vous regretterez de ne pas avoir
attendu quelques jours de plus. Et cependant,
bien que faisandée, vous ne l'aurez pas excellente dans toutes les parties. Le corps d'une
Bécasse est un mélange de contradictions qui
laissent perplexes bien des cordons bleus. Sa
chair ne doit être mangée que faisandée, mais
ses intestins veulent être mangés frais, la fermentation détruisant la finesse de leur saveur.
Comment donc faire? C'est bien simple : pour
la manger dans les conditions les plus parfaites,
il faut en avoir deux. On faisande la première,
on la vide avant de l'embrocher, et on la
bourre avec les intestins frais et la chair hachée

de la seconde ; farcie de la sorte, vous avez un mets vraiment royal !

Il n'y a selon moi que trois bonnes manières de manger la Bécasse : en rôti, en salmis et en pâté. Ce second mode est d'invention moderne.

SALMIS

Les perfectionnements de l'art culinaire nous ont donné le salmis.

Pour faire un bon salmis, voici comment il faut s'y prendre : Faites rôtir votre bécasse à moitié et dépecez-la. Prenez les intestins, le foie, le cœur, et tout ce qui sort du coffre. Ecrasez le tout dans un mortier, et versez-le dans une casserole. Ajoutez-y un morceau d'excellent beurre manié de farine, et faites chauffer à feu doux. Dès que le beurre est fondu, vous y versez quelques cuillerées de bon vin blanc (le sauterne est préférable à tout autre), deux petites cuillerées d'huile d'olive, quelques gouttes de citron, échalotes, sel, poivre et un soupçon de poudre de muscade pour finement aromatiser. Vous placez au fond de la casserole les membres de l'oiseau et vous faites en sorte que toutes les parties soient suffisamment baignées. Vous laissez cuire pendant un quart d'heure sur un feu assez doux pour n'avoir qu'un frémissement dans votre sauce, sans jamais d'ébullition, et vous servez dans un plat chauffé à l'avance, si l'étiquette s'oppose à ce que vous serviez dans la casserole elle-même.

Un pâté de Bécasses bien fait est un mets de premier ordre; ceux d'Abbeville sont justement célèbres.

Jadis, au temps où il y avait encore des moines, les pères Bernardins avaient une recette particulière, à l'aide de laquelle ils confectionnaient des salmis de la plus haute valeur. C'était un de leurs mille secrets, car l'ordre de Cîteaux avait une réputation incontestable et incontestée pour toutes les choses de bouche et de fine gourmandise. On ne s'imagine qu'imparfaitement aujourd'hui toute la science attentive, mûrie, des cuisiniers moines du vieux temps. Comment pouvait-il en être autrement dans des ordres comblés de dons, de legs, de donations, acquérant sans cesse, protégés par le droit de mainmorte, c'est-à-dire la défense de jamais aliéner? Le résultat forcé de ces richesses s'accumulant ne pouvait qu'être l'oubli de la frugalité et la transgression de la règle. Et puis par les règlements intérieurs des ordres, attribuant à chacun pour une semaine tous les travaux de la cuisine ou de l'office, les organisations culinaires devaient infailliblement être mises en lumière ; aussi de merveilleuses aptitudes se produisirent-elles chez ces semainiers obscurs, et de là ces sauces, ces ragoûts, ces liqueurs, délicatesses exquises dont les noms sont restés. Et chose singulière, c'est qu'à Rome il en était ainsi. Les ministres du paganisme avaient comme nos moines une réputation de fine gourmandise qui se traduisait par ces mots : *Epulari saliarem in modum,* dîner comme les prêtres saliens. Nous disons aujourd'hui après un repas plantureux, et en nous frottant les mains : Ma foi, j'ai dîné royalement ! A Rome, on disait : Par Jupiter, j'ai mangé comme un Salien !

Avant la Révolution, le four et le fourneau, dans les grasses Abbayes, eurent donc leurs plus beaux jours de gloire, et malgré des tentatives de réformes infructueusement répétées, malgré les grandes voix de saint Jérôme et de saint Bernard, malgré les conciles et les papes, les fourneaux chauffèrent, les casseroles bouilli-

rent, les broches tournèrent, jusqu'au jour où
la tourmente révolutionnaire balaya tout de
son souffle.

Pour bien rôtir une bécasse il faut une certaine finesse de tact que tous les cuisiniers ne
possèdent pas. Lorsqu'elle est plumée, les
ailes et les pattes retroussées à la façon des
poulets, ce qui bombe sa poitrine et la rend
plus dodue, on la pare suivant la pratique tra-
ditionnelle, en lui perçant le flanc de son bec.
Vous l'embrochez dans le sens de sa largeur,
condition essentielle pour l'opération du flambage, et vous vous gardez bien de la barder ou
de la piquer. Vous l'exposez à un feu clair. Quand
la poitrine de la bête commencera à ne plus fu-
mer, flambez à la façon gasconne. Mais comme
l'instrument dit flamboire n'est pas connu en
Normandie, on le remplace par une pelle rougie
au feu. Sur le côté concave de cette pelle vous
jetez un carré de lard gras, et vous arrosez avec la
graisse que la chaleur fait fondre. Il faut avoir
soin que la meilleure partie tombe dans l'intérieur de la Bécasse, et pour cela il faut arrêter
la broche un instant. Ce flambage demande
quelques minutes, et avec ce qu'il a fait couler
dans la lèchefrite on arrose fréquemment jus-

qu'à parfaite cuisson. Avant de servir on sale
et l'on poivre légèrement, et l'on place l'oiseau
sur deux rôties disposées au fond du plat. Les
rôties sont des tranches coupées sur un pain
suffisamment épais, grillées d'un seul côté, et
légèrement beurrées du second. Pendant la
cuisson, elles sont restées dans la lèchefrite, le
côté grillé en dessus pour recevoir tout ce qui
a pu tomber du corps qui rôtit. Elles doivent
être également salées, poivrées et humectées de
quelques gouttes de citron qui acidulent la
graisse dont elles sont saturées.

Je me suis toujours demandé pourquoi Brillat-
Savarin n'avait pas consacré à la Bécasse un
chapitre spécial. Il n'en parle qu'en quelques
lignes dans la Méditation 6 : « La Bécasse est
« encore un oiseau très-distingué, mais peu de
« gens en connaissent tous les charmes. Une
« Bécasse n'est dans toute sa gloire que quand
« elle a été rôtie sous les yeux d'un chasseur et
« surtout du chasseur qui l'a tuée : alors la
« rôtie est confectionnée suivant les règles
« voulues, et la bouche s'inonde de délices. »
Pour lui, elle ne doit être mangée qu'à la
broche; c'est sous cette seule forme qu'il est
donné de percevoir toute la délicatesse de sa

chair, toute la finesse de son fumet. Le salmis, il le repousse, trouvant sans doute qu'il masque les parfums.

Il est des gens qui, pour dire autrement que les autres, soutiennent que le morceau le plus délicat de la Bécasse est la tête roulée dans le suif liquéfié d'une chandelle, et passée ensuite à sa flamme. Un de ces excentriques fut un jour, en ma présence, mis au défi de manger ce qu'il appelait son morceau favori ; poussé par l'amour-propre, il tenta l'aventure : il enduisit une tête de chandelle, la fit chauffer à la flamme qui la couvrit de matière fuligineuse, l'introduisit dans sa bouche, et au moment où d'une dent timide il lui brisait le crâne, pris d'un hoquet de dégoût, force lui fut de la rejeter, aux grands éclats de rire de l'assemblée.

Un joli mot de gendarme à propos de Bécasse. Nous avions fait une excellente ouverture à la Bécasse dans les environs de la Toussaint. Une douzaine d'oiseaux bien dodus pendaient au garde-manger de l'amphitryon. On décréta un salmis monstre pour la semaine suivante. On devait déjeuner et chasser ensuite. Au jour dit, la compagnie au grand complet s'asseyait à une table excellente où la finesse de la chair le disputait à la délicatesse des vins. Le café pris, on allait se lever et partir quand on annonce à notre amphitryon, maire de sa commune, la visite du brigadier de gendarmerie. C'était un Provençal dans tout son épanouissement. A peine entré, après saluts et poignées de main, ses yeux tout à coup étincellent, et levant la tête, la tournant en tous sens, il explore de ses narines dilatées l'atmosphère de la salle. « On a manzé de la rude cuisine ici ! s'exclame-t-il ; un salemisss qui embôme encore la çambre ! Ah ! on fait ici du bon nanan, à ce qu'il paraît ! — Vous l'ignoriez, brigadier? — Ze l'avais entendu dire : ze dis *entendu* (donnant alors à sa voix des inflexions caressantes), car ze vous ferai ocerver, avec respect, meçant Monsieur le maire, que ze n'ai encore eu zamais l'honneur de piquer la fourcette cez vous. »

Si, au moment où l'on sert le salmis, on expliquait à ses hôtes d'où vient le fumet de la Bécasse, peu, très-peu de convives y toucheraient. J'en fis l'expérience. Un gourmand de haute lice disait, en présence d'un salmis qu'on allait servir, qu'il en était si passionnément gourmand que rien ne l'empêcherait d'en manger. — Savez-vous ce qui lui donne son fumet?

lui dis-je. — Non! — Vous allez l'apprendre.
J'allai chercher Tschudi et je lui lus ces quelques
lignes : « C'est incontestablement des bousiers
« à demi digérés ou des nombreux vers intes-
« tinaux qui remplissent l'intestin de la Bécasse,
« que provient le célèbre fumet du salmis. »
Mon enragé gastronome fit du nez et de la
bouche un signe de dégoût, et quand on lui
offrit le plat : Merci, dit-il ; pas pour aujour-
d'hui.

Le morceau de la perdrix est l'aile ; celui de
la Bécasse et de la caille, c'est la cuisse.

MIGRATIONS

J'ai trop souvent prononcé le mot de migration à propos de la Bécasse, pour n'en pas dire
un mot, et exposer d'une façon rapide la théo-
rie de ces longs et périodiques voyages.

On n'a pu jusqu'ici et jamais on ne pourra,
je pense, que conjecturer sur les causes multiples qui président à l'émigration des oiseaux.
Mais ces conjectures, ces probabilités groupées
donnent par leur ensemble une quasi-certitude.
On s'étonne toujours à l'aspect des migrations,
et quand on voit, sillonnant l'air, les longues
troupes voyageuses qui gagnent le midi à tire-
d'aile, on se demande quel est l'instinct merveilleux qui dirige même la nuit, à travers des
régions inconnues, ces petits êtres mus tous
par un désir commun, par un besoin identique.

On paraît généralement attribuer au seul oiseau cette instabilité, cette propension aux voyages, cette délicatesse de sens qui lui dit l'approche de la saison rigoureuse, et lui conseille de s'y soustraire. Un peu de réflexion montrerait que cette faculté, ce besoin de déplacement sont communs à beaucoup d'autres êtres, dont les voyages s'accomplissent dans des conditions plus mystérieuses, et qui, n'ayant pas pour théâtre l'air, c'est-à-dire la publicité du grand jour, et pour spectateurs la généralité des hommes, passent inaperçus et restent pour ainsi dire ignorés.

C'est particulièrement aux contrées septentrionales que se rencontrent le plus d'espèces soumises à cette loi. On pourrait même s'exprimer d'une façon plus générale et dire que c'est surtout aux latitudes extrêmes que ce besoin se fait sentir, car aux régions que le soleil éclaire de ses plus chauds rayons, beaucoup d'animaux se déplacent, mais alors, et à l'inverse, c'est pour se soustraire aux chaleurs accablantes de l'été.

La liste des êtres migrateurs, sur la terre, commence à la fourmi et à la sauterelle, et aboutit à l'homme. Au fond des eaux, même périodicité de déplacement, mais dans des conditions de généralité plus grandes. La vie des poissons n'est qu'un long périple ; leurs bandes immenses, qui font la fortune et la vie de millions d'hommes, parcourent avec une régularité parfaite les anses les plus ignorées des continents, comme si Dieu avait résolu de faire aux riverains de la mer une égale répartition de ses richesses. Puis viennent les squales, les cétacés et tous les grands carnassiers des ondes, qui opèrent à la suite des bandes comestibles la même circumnavigation sous-marine.

Point de doute sur les migrations des mammifères. Au printemps, le campagnol économe quitte les plaines du Kamchatka, montant vers le nord et entraînant à sa suite tous les fauves à fourrures dont il est le principal aliment. Son retour est une fête pour ces contrées désolées, puisqu'il ramène sur ses pas la fortune du pays. Le lemming en Norwége accomplit aussi, mais moins régulièrement, ses voyages. Dans l'Afrique australe, les springboocks, et toute la grande famille des antilopes, les zèbres, les grands pachydermes, courent en bandes compactes à la recherche des plaines herbues respectées du soleil. Il n'est pas jusqu'aux hippopotames qui ne fuient, devant les ardeurs caniculaires, leurs retraites d'hiver, qui bientôt seront desséchées.

Dans le nouveau monde le bison, les daims, les cerfs, les élans traversent dans presque toute leur longueur les prairies du continent septentrional, aux deux extrémités duquel ils savent rencontrer, suivant l'époque, de l'eau et de verts pâturages.

L'homme lui-même est essentiellement migrateur, à commencer par le sauvage pour finir au civilisé.

L'Esquimau du cercle arctique pousse ses traîneaux jusqu'au sommet du globe, poursuivant, ainsi que les gloutons et les loups, les bœufs musqués et les fauves qui montent au nord chercher l'été du pôle. Le Lapon transporte ses tentes à travers les steppes, aux champs où pousse le lichen de ses rennes. Les Ostiakes, les Samoyèdes, les Tungouses, les Kirgiz sillonnent en tous sens les solitudes où les confine la Russie. Le peau rouge des prairies, l'Indien des pampas, franchissent périodiquement des distances énormes à la poursuite du gibier qui émigre, et le retour s'opère dans les mêmes conditions de régularité.

Lorsque l'Arabe a été prendre ses cantonnements d'hiver, les pluies, à la saison nouvelle, fertilisent les plateaux qu'il a quittés; et quand la terre est reverdie, il plie sa tente et fuit devant les haleines brûlantes du Sahara, à la recherche de pâturages et d'eau pour les troupeaux qui composent sa richesse.

Nomade ne veut donc pas dire *instable*, il veut dire *migrateur*.

L'homme de la nature n'est pas le seul, ai-je dit, soumis à cette nécessité : quoique à un degré moins impérieux, le civilisé la subit. Quelques-uns, à l'hiver, gagnent, comme les oiseaux, le pays du soleil; les autres ne prennent leur essor qu'au retour des beaux jours. Le poisson peut éviter la dent du squale; l'oiseau voyageur, la serre du faucon ou de l'autour; le citadin est fatalement condamné à l'aubergiste échelonné à chaque étape de sa route, la voix mielleuse, la bouche en cœur, ardent à la spoliation. Il est la proie forcée de l'hôtelier qui dans l'humanité constitue le premier échelon de la série des rapaces.

Parmi les oiseaux, les migrateurs sont plus nombreux que dans aucune autre classe, et chez eux le caractère sédentaire est l'exception.

Les insectivores, les granivores, les baccivores émigrent presque tous, et c'est parmi les
omnivores en partie que se rencontre l'exception.

CAUSES

Les naturalistes ne sont pas bien d'accord
sur les causes qui poussent les oiseaux à changer de climat; mais ce qui est certain, c'est
qu'elles sont partout les mêmes, et provoquent
aux mêmes époques dans les deux hémisphères
les mêmes déplacements.

John Ross dans son hivernage au pôle nord
(1829 et 1830) fixa les époques de l'émigration
américaine. Au 70ᵉ degré de latitude il la vit
commencer le 6 avril. Ce jour il aperçut deux
gelinottes venant du sud. Le 17, il vit les premiers ortolans de neige; le 20, la première
mouette; et enfin dans les derniers jours du
mois et pendant mai se produisit le passage plus
lent des quadrupèdes, les rennes et les bœufs
musqués, suivis de gloutons et de loups.

. Ainsi en Amérique comme en Europe, tout
monte au nord ! Le nord, ancienne officine des
races barbares qui se ruèrent sur le vieux
monde, ne l'est plus aujourd'hui que de ces

innombrables et paisibles familles dont nous étudions les voyages.

Jadis les parties les plus septentrionales de l'ancien et du nouveau continent étaient hospitalières et habitées. Le Grünland ou terre verte, aujourd'hui Groënland, devait son nom à son riant aspect. C'était alors comme l'Islande une terre féconde, où hommes et volatiles croissaient et multipliaient. Par le refroidissement graduel du globe, par l'empiétement des banquises, ces contrées sont devenues des solitudes; l'oiseau y vit presque dans la liberté qu'il eut en sortant des mains du Créateur, et si ses amours sont quelquefois troublées, ce n'est que par l'arrivée des traîneaux des tribus indigènes allant au nord chercher leur provision d'oiseaux.

Pour traverser l'hiver du pôle, une famille laponne a besoin d'un millier d'oies.

Ils s'en emparent après l'incubation, alors que les jeunes couvées ont quitté le nid. A ce moment la mue des parents commence, car l'époque du départ est proche et les ailes doivent changer d'armature. Aussi, dépourvus de moyens de fuir, s'offrent-ils facilement aux coups des indigènes qui les tuent au bâton dans les roseaux où ils se cachent. La provision faite, la dîme prélevée, hommes, femmes et enfants regagnent leur campement et attendent avec confiance l'hiver qui ne peut désormais leur apporter la famine.

Les œufs des palmipèdes et des échassiers entrent aussi pour quelque chose dans l'alimentation de ces peuplades. L'eider, oiseau sacré au nord, comme l'ibis sur le Nil, fournit son tribut de duvet; l'imbrim lui-même donne sa peau pour les vêtements de fête.

Ainsi, à mesure que la vie humaine y devient difficile, impossible, que la végétation disparaît, le pôle appartient de plus en plus à l'oiseau !

De toutes les causes que jusqu'ici on a voulu donner comme explication du phénomène qui nous occupe, la plus improbable, bien que la plus poétique, est, selon Michelet, le besoin de lumière.

« De la lumière! Plus de lumière! Plutôt « mourir que de ne plus voir le jour. C'est le « vrai sens du dernier chant d'automne, du « dernier cri à leur départ d'octobre. »

C'est prêter, ce me semble, bien gratuitement à de charmants petits êtres très-poétiques à nos yeux, il est vrai, mais dénués pour leur compte du plus petit grain de poésie, de sentimentales et délicates aspirations. Si l'oiseau voulait suivre le soleil dans sa révolution annuelle pour jouir sans cesse de ses plus beaux rayons, pourquoi donc la gent ailée tout entière ne déserte-t-elle pas nos campagnes pour courir au cap Nord, alors que le soleil y reste deux mois à l'horizon ?

Il ne faut pas, pour expliquer ce phénomène, chercher une seule cause, une raison unique ; ce serait faire fausse route, ou n'étudier la question que par une de ses facettes. Les causes sont multiples et s'enchaînent l'une à l'autre.

En tête se place le prosaïque besoin de vivre, la nécessité d'assurer sa nourriture.

NOURRITURE

Chaque espèce fuit le climat qu'elle habite aussitôt qu'elle prévoit la diminution ou la disparition prochaine de ses aliments. On le constate pour les insectivores, les baccivores et enfin les granivores. Quant aux omnivores, n'ayant pas de nourriture spéciale et pouvant indifféremment se repaître d'insectes ailés, de leurs œufs, de vers, de fruits, de tout enfin, ils émigrent moins, et quand ils émigrent, par l'irrégularité de leurs voyages et le but peu tracé de leurs courses, on pourrait plutôt les appeler erratiques que migrateurs.

ATROPHIE DES ORGANES GÉNITAUX

L'auteur de la vaccine, Jenner, a écrit quelque chose sur les migrations. Il en trouve une cause déterminante dans l'atrophie des organes génitaux. Chez l'oiseau, la voix paraît en même temps que les organes générateurs se développent : c'est au printemps.

Les couples se forment, et au milieu de leurs concerts bâtissent leur nid. Ils sont arrivés de contrées éloignées, et là où ils ont élu leur domicile d'amour, là est leur patrie. *Ibi patria ubi amor,* a-t-on dit justement. La ponte s'opère, la couvée éclôt. Plus de chansons, dès lors : il faut maintenant songer aux incessantes becquées que réclame la jeune famille; ce travail de reproduction achevé, les parents transformés en nourrices, la nature supprime pour un temps les organes qui ne pourraient être qu'un obstacle à l'accomplissement du rôle qu'elle leur

a départi. Elle atrophie les organes du mâle,
et supprime ainsi son ardeur ; les plumes bril-
lantes de sa livrée de noces se ternissent, et il
prend le costume sombre du voyageur. L'ovaire
de la femelle revient à des proportions micros-
copiques ; son oviducte se resserre et prend le
volume d'un fil. Impossibilité des deux côtés
de ressentir et de se livrer aux brûlantes ardeurs
de la pariade. Nous sommes à l'été. L'oiseau
n'a donc plus rien à faire dans notre climat. Il
gagne le midi où, pendant que nous avons, nous,
l'hiver avec son cortége de frimas, un double
travail, que facilite le soleil, se produit en lui :
la mue et la réapparition de l'appareil génital.
La mue est pour lui une véritable maladie,
mais cette élaboration lui est d'autant moins
pénible que l'action des organes sécréteurs des
plumes est plus facilitée par la chaleur de l'atmosphère. Voilà comment s'explique pourquoi
des oiseaux pris sauvages et supportant bien la
cage ou la domesticité, l'aile coupée, meurent
au moment de la mue, ne se trouvant pas dans
les conditions climatériques voulues pour la
reconstitution de leur livrée.

Par l'action du soleil, l'appareil sexuel se
gonfle, se tuméfie ; les germes vitaux qu'il con-

tient s'éveillent; l'oiseau n'a plus qu'à ouvrir
ses ailes refaites et à voler en hâte vers son
pays d'élection.

DÉLICATESSE DES POUMONS

Malgré la richesse de leur sang et leur circu-
lation puissante, les oiseaux sont généralement
frileux, et leurs poumons d'une délicatesse
excessive. Ils craignent surtout les tempéra-
tures extrêmes, le grand froid et la grande
chaleur. Ils ne sont pas cependant tous suscep-
tibles au même degré. Ainsi les canards sont
durs au froid, les plongeurs du nord plus durs
encore. Les cigognes, les grues, les spatules,
les moindres échassiers, étant les premiers à
donner le signal du départ, commencent la
série des frileux; mais les délicats entre tous
sont les insectivores et, à leur tête, les hirondelles qui, parfois surprises par le froid ou par
des rafales de neige sur les cols des Alpes
qu'elles traversent, tombent et meurent sans
avoir pu atteindre le versant méridional. C'est
en partie cette crainte du froid qui fait que les
martinets sont presque tous partis au 15 août,
les rossignols en juillet, le loriot et le coucou

à la même époque, et la huppe en août. Le
loriot, du reste, se trouve dans des conditions particulières; ne couvant pas, il est prêt
au départ aussitôt sa ponte finie. C'est un oiseau
essentiellement instable ; aussi la précocité de
son départ pourrait être le résultat de sa crainte
du froid et de son humeur vagabonde com-
binées.

LOI HARMONIQUE

L'étude de l'histoire naturelle démontre
l'existence d'une loi d'harmonie générale à
laquelle est soumis tout ce qui a vie. L'homme
est l'être prédestiné autour et au profit duquel
s'agite ce merveilleux ensemble. L'oiseau y joue
un rôle considérable. Dans la part qu'il y prend
se trouve peut-être la cause, ou une des causes
les plus plausibles, à l'aide desquelles on puisse
éclairer la question des migrations. De même
que les poissons offrent annuellement à tous les
points des rivages de la mer le tribut de leur
chair, de même il semble que le Créateur ait
voulu donner à tous les climats la jouissance
des troupes émigrantes; mais cette question
d'alimentation, quoique d'une haute importance, n'est cependant que secondaire en pré-

sence d'une dernière qui peut se formuler ainsi :
les oiseaux sont les assainisseurs du globe,
et sans eux la vie humaine y serait impossible.
Voici la part du rôle harmonique de l'oiseau. Il
est le pivot de cette grande loi. Il a été créé
non pas seulement pour rompre la solitude des
campagnes par ses chants ou l'éclat de son
plumage, mais pour combattre et arrêter l'ef-
frayante fécondité des insectes. Et, s'il est
possible de penser que dans l'agencement terrestre on puisse mettre de côté quelque chose
comme inutile, il ne viendra jamais à l'idée de
personne de croire que l'oiseau puisse être
impunément supprimé. En déduisant les consé-
quences qui découlent de sa destruction, on
arrive à l'extinction de l'humanité. Par un singulier contraste, l'homme, objet de la sollicitude de la gent ailée, a été placé comme
barrière à son excès de reproduction. Il pré-
lève une dîme sur presque toutes les espèces,
et dans ce rôle il a pour aide les rapaces. Ainsi
la grande loi de nature, qui se dégage de toutes
les autres, c'est la pondération des espèces les
unes par les autres, c'est cette solidarité d'existence à laquelle chacun concourt dans sa sphère
d'action.

Ce rôle d'assainisseur imposé à l'oiseau apparaît chaque jour plus clairement aux yeux. Une certaine espèce d'insectes vient-elle à se développer dans un pays, au-delà des bornes ordinaires, aussitôt vous voyez arriver, on ne sait d'où, une bande spéciale qui, en quelques jours, purge la contrée. C'est ainsi que dans le midi de la France apparaît le faucon à pieds rouges, lorsque les sauterelles désolent les campagnes.

C'est ainsi qu'on vit s'abattre sur les vergers qui entourent le village vaudois de Noville un vol considérable de ces petits faucons, attirés par la grande quantité de hannetons qui y pullulaient[1]. En 1847 une forêt de sapins, en Poméranie, souffrait tellement des dégâts causés par les chenilles, qu'elle commençait déjà à se dessécher, lorsque tout à coup elle fut sauvée par une bande de coucous qui, quoique déjà en état de migration, s'y établirent pendant quelques semaines et nettoyèrent si bien les arbres que l'année suivante le mal ne se renouvela pas[2]. Déjà, au temps de Pline, ce fait était connu. Il rapporte qu'on appelait *seleucides* des

[1] Tschudi, *les Alpes*, p. 138.
[2] Tschudi, *les Insectes nuisibles*, p. 21.

oiseaux qu'envoyait Jupiter, à la prière des
habitants du mont Casius, au moment où les
sauterelles dévastaient leurs moissons. Il ajoute
qu'on ne les voyait jamais que quand on avait
besoin de leur secours.

C'étaient, sans aucun doute, le faucon à pieds
rouges, le merle rose, etc., tous oiseaux acri-
dophages.

Si l'oiseau n'était pas condamné à ce service
d'assainissement, pourrait-on expliquer ces
dangereux voyages exécutés chaque année à
travers la mer par les plus petits des insectivores? Les traquets et les hochequeues passent
chaque printemps du continent en Islande et
la quittent à l'automne. Faber vit un jour, en
pleine mer, un traquet qui cinglait vers cette
île [1].

SENSIBILITÉ

La structure de l'oiseau, la porosité de ses
os, les prises d'air qu'ils contiennent, la per-
méabilité de tout son être, lui permettent d'être
affecté plus qu'aucun autre être par toutes les
nfluences atmosphériques auxquelles il est

---

[1] *Die hochnordische vogel.*

soumis dans ses ascensions aériennes. Il a le pressentiment infaillible des changements de temps ; il possède un sens, qu'on appellera si l'on veut barométrique ou hygrométrique, qui lui donne la prévision des modifications plus ou moins prochaines que doit subir l'atmosphère.

C'est ainsi qu'on peut être quasi certain, par le passage ou le retour précoce de certaines espèces, d'un hiver rigoureux ou du retour prochain du beau temps.

Lorsqu'en septembre, dans les trèfles et les luzernes que l'on quête pour y trouver des cailles, vous verrez beaucoup de fauvettes de roseaux, qui se reconnaissent à leur vol court et saccadé, il y a grande chance pour que l'hiver soit rigoureux. Si le passage précoce des palmipèdes du nord vient se joindre à ce premier indice, vous pouvez en avoir la presque certitude.

C'est ainsi que Brehm voyant partir, bien avant l'époque habituelle, les canards du lac de Griessnitz, et arriver les plongeurs et les pingouins du nord, put prédire, sans se tromper, des froids inusités.

Quelques petits mammifères partagent cette

faculté; les martres et les hermines ne quittent la Laponie et ne descendent au sud qu'à l'approche des hivers exceptionnellement rigoureux. En Laponie encore et dans le nord des Alpes Scandinaves le lemming, qui supporte habituellement les froids polaires, émigre et court au sud quand il sent dans l'air des symptômes alarmants. En deux cent soixante ans on compta onze émigrations générales, et ces onze hivers furent d'une âpreté particulière.

Ce ne sont pas seulement les animaux migrateurs qui ont la faculté de prévoir l'hiver et ses plus ou moins grands froids; les sauvages de l'Amérique du nord connaissent la rigueur de l'hiver qui s'approche à la quantité d'approvisionnements qu'a réunis le castor. C'est ce qui a fait dire à Chateaubriand, dans le *Génie du Christianisme :* « Réaumur n'a jamais prédit les « vicissitudes des saisons avec l'exactitude de « ce castor dont les magasins, plus ou moins « abondants, indiquent au mois de juin le plus « ou moins de durée des glaces de janvier. »

Les oiseaux qui perçoivent si exactement l'arrivée du mauvais temps pressentent également le retour des beaux jours. Ils quittent un ciel chaud et serein pour trouver à l'arrivée les

dernières bises de l'hiver. Mais ils savent que
si la nature est encore engourdie, l'heure de son
réveil va bientôt sonner, et ils attendent avec
confiance. Ainsi la douceur du climat au point
de départ et sa rigueur au point d'arrivée, au
passage de printemps, sont, plus encore peut-
être que sa prescience de l'hiver, la preuve de
sa sensibilité barométrique.

L'époque du départ est basée sur celle de
l'arrivée au pays où ils doivent séjourner. En
Amérique, cette remarque avait frappé Audu-
bon qui voyait chaque année partir les premiers ceux qui devaient s'éloigner le plus des
Etats-Unis.

Si l'on veut connaître, parmi nos oiseaux
indigènes, ceux qui font les plus lointains
voyages, on le saura en recherchant l'époque
de leur départ. C'est d'abord le coucou qui,
dégagé de tous soins maternels, nous quitte à
la fin de juin; c'est le loriot qui gagne l'Afrique,
l'Egypte, le Sénégal, et ne vient pas d'Amérique
comme le prétend M. Michelet. Il nous quitte
en juillet dès que sa couvée peut se suffire.

C'est l'engoulevent qui se répand dans le
midi de l'Italie, les îles de la Méditerranée et
les côtes d'Afrique. Il part fin août.

C'est la caille dont la vie n'est qu'un long voyage et qui, dit-on, franchit l'équateur. Dès le 15 août, les vieilles ont commencé le passage.

Viennent ensuite les tourterelles, torcols, ramiers, bizets, hirondelles, etc.

Chacun doit partir de manière à trouver sur sa route une nourriture suffisamment abondante pour n'avoir pas à la trop chercher, car le temps est précieux, et les étapes sont fixées!... Il faut donc pouvoir manger bien et vite!

C'est ainsi qu'ils partent tous quand la terre est encore couverte de ses moissons et que les arbres portent leurs fruits... Partout sur leur chemin la table est mise! S'ils partaient poussés par le froid, ils seraient exposés à trouver des régions intermédiaires où l'hiver plus précoce qu'au point de leur départ les mettrait en danger de mourir ou de froid ou de faim. Tel fut l'hiver de 1822 à 1823 qui, doux et tardif dans le nord, fut d'une précocité et d'une rigueur inusitées en Allemagne.

Le loriot prend sa volée quand il sait trouver des baies et des fruits charnus jusqu'à destination; le coucou, des chenilles, noctuelles, nonnes, etc.; des grillons, des coléoptères; le martinet, des insectes, scarabées, diptères, etc.

Pour les palmipèdes, il faut que les étangs et les rivières soient libres de glace sur le chemin qu'ils suivent.

Tous ces points étant posés comme règles générales, il faut se hâter de dire qu'il se produit de fréquentes exceptions résultant de circonstances qu'il est souvent difficile d'apprécier immédiatement. Ainsi, pour n'en donner qu'un exemple, on peut observer le passage prématuré de certains oiseaux précurseurs des grands froids et avoir cependant un hiver doux. L'explication est facile : l'inclémence de la température qui les a chassés s'est localisée sans s'étendre. Ce fait ne détruit pas la règle générale.

INCUBATION

Un des motifs qui ramènent l'oiseau vers le nord, c'est le besoin d'incubation. La reproduction de l'espèce est une des nécessités auxquelles sont assujettis tous les êtres. L'époque où s'accomplit cet acte est la meilleure de l'année. Ce temps est celui de l'amour, où l'oiseau, après avoir fait choix d'une compagne,

procède à la confection du nid. Les difficultés,
les peines, les dangers de ce grand œuvre,
disparaissent sous l'attrait de l'amour. La nouveauté de l'union, l'ardeur réciproque qu'elle
engendre, le temps rapide qu'elle doit vivre,
le besoin d'employer à ce travail d'amour
jusqu'aux moindres instants, transforment
l'oiseau en constructeur habile, en chantre
harmonieux, en font un époux et un père
d'une tendresse incomparable.

Toutes ces modifications à l'état ordinaire
ne sauraient se produire au premier endroit
venu. Il faut pour cela certaines conditions de
thermalité et d'humidité; il faut en outre, et
cela devient de plus en plus difficile, du silence
et de l'isolement. Les bruits humains les gênent
dans leurs amours; il n'y a que les protecteurs
spéciaux des habitations et des jardins, moineaux, mésanges, troglodytes, fauvettes, etc.,
qui mettent leurs couvées sous la protection de
celui qu'à leur tour ils défendent. L'isolement
et le silence, voilà ce qu'aime, ce que veut
l'oiseau. Mais où les trouver ailleurs que dans
les pays, dans les zones inhabités, loin des
locomotives et des bateaux à vapeur?

Après avoir été chercher le soleil qui a fait

reparaître leurs organes générateurs, ils gagnent les pays dont le climat rend la vie humaine plus difficile qu'aux latitudes moyennes, et ils y nichent. L'oiseau est l'ennemi de la civilisation.

Jadis, au bon vieux temps, on n'arrachait pas les buissons, les haies, les vieux arbres, on ne défrichait pas les bruyères, on ne rasait pas les futaies, et le cultivateur remerciait l'oiseau de son œuvre, en lui accordant des asiles et des abris; aujourd'hui, dans notre siècle de progrès, on fait tout autrement, et les chenilles foisonnent. Dans le pays de Hanau, on vit tomber un jour sous la hache quelques milliers de vieux chênes dont les troncs creusés servaient d'asile l'hiver aux chauves-souris. Les années suivantes, la processionnaire du chêne dévora les forêts circonvoisines, et l'on regretta trop tard d'avoir chassé de leurs trous obscurs les utiles chéiroptères. En ce temps-là, beaucoup d'espèces qu'on ne voit plus nichaient chez nous. d'Arcussia trouvait dans la Crau les deux outardes, barbue et cannepetière, et cent autres espèces qui faisaient de la Provence une basse-cour. Fouillez donc aujourd'hui la Crau pour voir ce que l'on peut y trouver. Demandez au

Marseillais ce qu'il y a laissé. Si une seule outarde y était signalée, Marseille entière quitterait postes, bastides et Cannebière pour lui courir sus. La Provence, cette plaine Saint-Denis de la France, est inhospitalière et fatale à l'oiseau. Où pourrait-il y nicher, quand il a déjà bien du mal à la traverser sain et sauf et à éviter tous les engins de mort de l'industrie phocéenne ? Par suite de cette rage de destruction, il est même des espèces qui ont cessé d'émigrer chez nous. Témoin le phénicoptère qui jusqu'à ces derniers temps a niché en Camargue et qui depuis a disparu. Il s'est donc produit de profondes modifications dans les habitudes migratrices des oiseaux, et à une époque qui n'est pas encore très-reculée, il est à croire qu'ils devaient aller moins loin dans le nord, ayant toute sécurité pour se reproduire dans les pays intermédiaires. Aujourd'hui, ceux qui doivent passer l'été dans une contrée en recherchent les parties les plus sauvages; en Suisse, les oiseaux de la plaine, le printemps venu, montent dans les alpages où ils trouvent le silence et la sécurité, et ne les quittent que chassés par le froid.

PRÉPARATIFS

Tout voyage demande des préparatifs préalables : l'oiseau, suivant un terme de sport, s'entraîne à l'avance, c'est-à-dire qu'il s'exerce au vol. Il rend les muscles de ses ailes résistants à la fatigue, il habitue ses poumons aux vols prolongés, aux différentes pressions atmosphériques en s'élevant plus ou moins haut ; enfin il fait provision de graisse.

Cette dernière précaution précède toutes les autres : aussitôt que la jeune couvée peut se passer des soins de ses parents, ceux-ci se livrent à toutes les exigences d'un appétit qui paraît avoir doublé. L'occupation de la journée est la recherche de la nourriture, et comme à cette époque elle est abondante, ils mangent tout le jour. Les fatigues de l'incubation sont bien vite réparées, et leur corps se sature de graisse. C'est par cet embonpoint, qui chaque jour diminuera par les labeurs du voyage, qu'ils pourront arriver au terme où ils tendent. Sans graisse, pas de force pour émigrer, quoi qu'en dise M. Michelet qui y voit un obstacle.

A ce moment les becs-fins ne sont plus seu-

lement insectivores, ils mangent encore des
baies; aussi voit-on la fauvette à tête noire gon-
flée de fruits de sureau arriver à ne plus être
qu'une pelote de graisse. D'autres mangent des
raisins, des fruits de sorbier, etc., etc., que la
maturité rend tendres, et que leur bec peut attaquer. Ceux qui restent uniquement insectivores mettent plus de temps à atteindre le
degré voulu de saturation; cependant, quoique
plus tardive, l'hirondelle ne le cède en rien ni
à la fauvette, ni à la caille, ni à l'engoulevent,
et devient à ce temps le plus délicat manger.

Comme dans la nature rien n'est fait sans
motif, les migrateurs seuls ont la faculté d'engraisser, les sédentaires n'en ayant nul besoin;
de plus, la faculté d'engraisser est en raison
directe de la longueur du voyage à entre-
prendre, de telle sorte qu'on peut dire à l'inspection d'un oiseau plumé, sans en connaître
le nom, s'il est migrateur et s'il émigre loin.

Chez les quadrupèdes, la graisse indique un
hibernant; l'ours, la marmotte, le loir, le blai-
reau passent l'hiver en léthargie et ne se ré-
veillent vivants au printemps que grâce à leur
corps constitué en véritable garde-manger. La
graisse a encore été accordée à un quadrupède

pour qu'il pût mieux supporter les fatigues des longues marches, je veux parler du chameau. Sa bosse qui lui sert de réservoir est vide quand il arrive au terme du voyage : il l'a dépensée ; mais avec quelques jours de repos et de nourriture, il la reconstitue et peut repartir.

Lorsque le moment arrive de songer au départ, on peut remarquer une agitation insolite dans la gent ailée : chacun voltige, sautille tout en mangeant. Le repas pris, la digestion ne se fait pas au repos : jeunes, vieux, tout le monde s'apprête et vole pour se fortifier.

Je connais à Brosville, chez un cultivateur, une écurie complétement envahie par les hirondelles ; à chaque solive se trouvent des files de nids que jamais une main profane ne renverse. Lorsque les couvées ont pris le vol, on les voit incessamment entrer et sortir par nuées de cette écurie qu'elles vont quitter : leurs cris aigus retentissent tout le jour ; elles semblent s'exercer sous les yeux des anciens de la tribu dont le vol est plus calme et qui ont déjà éprouvé la vigueur de leurs ailes.

Ce charmant phalanstère n'a qu'une monnaie pour payer l'hospitalité qu'on lui accorde : il défend les chevaux ses amis contre les mouches et les insectes qui les harcèlent : perchées sur les colliers, sur les râteliers, elles font bonne garde, et gazouillent ces notes si légères et si tristes que l'on pourrait prendre pour un adieu.

Quand août arrive, on entend le soir à de grandes hauteurs le cri du mâle de la caille qui s'exerce, et non sans raison, car ses ailes sont mal faites pour un voyageur aussi intrépide ; les Effraies se font entendre plus fréquemment ; les Bécassines, les pluviers, les courlis jettent en l'air leur cri strident.... et les chevaliers attirés la nuit par les lumières commencent à tournoyer sur les villes.

SOCIABILITÉ

Au milieu de cette gymnastique nécessaire, un sentiment se développe, c'est celui de la sociabilité : ceux qui ont vécu dans le silence des forêts, dans l'isolement des plaines, des steppes ou des marécages, se rapprochent, se recherchent et semblent s'appareiller de forces : les jeunes avec les jeunes, les vieux avec les vieux : l'imprudence et la témérité du jeune âge fuient les conseils de la sagesse et de l'expérience. Les bandes des espèces qui n'émigrent pas isolément une fois recrutées, composées, l'heure du départ sonne et le vol sérieux commence. Ce ne sont plus ces zigzags, ces jeux, ces courbes aériennes exécutées à tire-d'aile et marquées de mille petits cris joyeux; c'est le vol en ligne droite, réglé, méthodique, dont la gravité n'est interrompue que par le cri du chef de tête et le bruissement cadencé des ailes de tous. Tels sont les palmipèdes, les cigognes, les hérons, les vanneaux, les pluviers; de même les craves (*coracia graculus*) qui se réunissent en nombre immense en octobre sur les hauts sommets des Alpes pour émigrer vers le midi ; les grives, les pigeons, etc. C'est ce départ qui a inspiré les vers si mélancoliquement poétiques du poëme de *la Religion :*

> Ceux qui, de nos hivers redoutant le courroux,
> Vont se réfugier dans des climats plus doux,
> Ne laisseront jamais la saison rigoureuse
> Surprendre parmi nous leur troupe paresseuse.
> Dans un sage conseil par les chefs assemblé,
> Du départ général le grand jour est réglé ;
> Il arrive, tout part..... le plus jeune peut-être
> Demande, en regardant les lieux qui l'ont vu naître,
> Quand viendra ce printemps par qui tant d'exilés
> Dans les champs paternels se verront rappelés ....
> . . . .

La voix des voyageurs n'est plus la même,

c'est le plus souvent une ou deux notes dont
l'acuité traverse les espaces comme une flèche,
et tombe sur la terre vibrante et pleine d'éclat.
Le chant ou plutôt le cri de passage n'a rien
qui rappelle celui de l'état sédentaire : il est
sérieux, grave ; c'est un chant de route comme
celui du troupier qui cherche dans le refrain
d'une chanson *ad hoc* l'oubli de ses pieds
endoloris et des lassitudes de la marche. Si
c'est la nuit que le passage se produit, le cri
de la tête de colonne ne laisse pas de doute
aux derniers rangs sur la direction suivie, et
empêche les traînards de perdre le chemin.
Le cri de passage est lent, traînant ; il est
empreint d'une tristesse profonde ; on y sent de
la fatigue et une expression d'adieu. Je ne
trouve rien de triste et qui serre plus le cœur
que le passage de ces bandes aux cris dolents,
par un ciel gris d'automne, quand le vent
détache une à une les dernières feuilles des
arbres.

Lorsque le passage s'opère, il est curieux
d'étudier les captifs de nos pièces d'eau ou de
nos volières. Ils sentent venir la saison rigoureuse, ils voient passer leurs semblables dont
les cris sont des invitations de départ, et une

aile mutilée ou les barreaux d'une cage les clouent à la même place sans espoir d'évasion; c'est alors qu'une fièvre s'allume en eux; ils courent, nagent, volettent, répondent avec angoisse aux voix de ceux qu'ils vont perdre de vue, marchent incessamment dans le sens de la migration, et se heurtent contre les murs de leur prison. S'ils sont migrateurs nocturnes, c'est la nuit qu'ils ressentiront ces accès; s'ils sont diurnes, ce sera le jour. Les becs-fins en cage voltigent sans trêve, chantent avec frénésie, se tuent aux barreaux de la cage, ou se laissent mourir de faim. La caille, aussitôt la nuit venue, bondit, s'écorche la tête et se la brise souvent. Le jour ils paraissent tous accablés de leur agitation nocturne. Tel est le motif qui rend si difficile l'éducation des oiseaux migrateurs. C'est ainsi qu'on ne nourrit que bien rarement plus de dix à douze jours en cage les jeunes coucous pris au nid. Il en est de même du loriot, de l'engoulevent, etc.; et ce n'est pas tant la difficulté de leur donner une nourriture spéciale, qui les fait périr, que l'impossibilité où l'on se trouve de calmer l'inquiétude, l'agitation et les regrets qui les dévorent.

Au nord, bien que la perception des pro-

drômes de l'hiver soit plus facile et plus précoce, le passage ne commence pas plus tôt que
dans les contrées placées plus au sud, ou pour
mieux dire il ne paraît pas commencer plus tôt.
Si le signal venait du nord, et si le rappel était
battu par les bandes du cap Nord, du Finmark
ou de la Laponie, chaque oiseau se joindrait à
la première troupe apparaissant à l'horizon, et
au point d'arrivée les vols seraient immenses.
C'est le contraire que l'on remarque; l'apparition des émigrants se produit d'une façon
suivie et successive, et c'est ce qui donne plus
que de la vraisemblance à cette opinion que les
individus d'une même espèce se mettent en
voyage presque au même temps, à quelque latitude qu'ils aient passé l'été. Il est bien entendu
que je n'entends pas parler des individus à migrations irrégulières, ou de ceux qui, comme les
palmipèdes à fourrures, eiders, fous de bassan,
plongeons, etc., ne fuient que quand les froids
excessifs du pôle les menacent de mort ; ceux-
là, que l'on pourrait appeler migrateurs ataxi-
ques, ne rentrent pas dans la règle.

Ces faits ont été observés en Suisse par
Frédéric de Tschudi qui a toujours vu *que les
oiseaux venant du Nord et se reposant en Suisse*

*avant de continuer leur route au-delà des Alpes,
y arrivaient après que les individus de la même
espèce qui habitaient le pays l'avaient déjà
quitté.*

Tous ont une route déterminée, mais qui ne
présente pas les mêmes difficultés. Celle héris-
sée des plus sérieux obstacles est suivie par
l'émigration islandaise; il lui faut traverser un
long bras de mer, jusqu'aux Feroë; de ces dernières aux Schetland, et de là aux Orcades ou
aux Hébrides indifféremment. Alors la côte
d'Ecosse est prochaine, et, pour gagner le continent, la Manche avec son peu d'étendue reste
seule à franchir.

Vient ensuite le contingent du cap Nord et
du Finmark. Il suit la Norwége et la Suède
des deux côtés des Alpes Scandinaves, arrive
en Danemark sans de trop grandes difficultés nautiques, et n'a plus de là qu'à suivre
soit les côtes, soit les grandes vallées des
fleuves.

Enfin l'émigration russe, qui comprend tout
ce qui habite la Laponie, les bords de la mer
Blanche et les rivages de l'océan Glacial, se
fait dans les meilleures conditions. Aucun bras
de mer à passer, rien que des terres sur toute

11

la route. Elle s'opère 1° le long de là Baltique
(et c'est là la voie la plus fréquentée); 2° enfin à
travers toute la Russie centrale et la Turquie
d'Europe, et à l'est jusqu'aux bords de la mer
Noire et du Bosphore.

VENTS

Pas ou peu de migrations sans vent. Les
falconiens, qui piquent dans la tourmente et
se rient du déchaînement des vents, passeraient
même par le calme plat, sans une haleine de
brise; mais les autres, il leur faut du vent,
comme au navire qui va mettre à la voile. Le
vent, aux époques où se produit le passage,
paraît avoir plus de tendance à souffler du
point favorable aux bandes qui vont partir.
Ce n'est pas une délicate attention de la Providence, c'est une conséquence de son arrêt
qui a condamné la gent ailée à des déplacements périodiques. Qui veut la fin veut les
moyens!

Le passage nocturne est singulièrement favo-
risé par une nuit sereine, et si ces deux conditions se trouvent réunies, le voyage s'effectue
à merveille.

Les orientations les meilleures, je devrais plutôt dire indispensables, sont :

Nord,

Nord-est,

Sud,

Sud-est.

Mais de tous les vents, ceux qui favorisent le plus grand nombre d'espèces sont ceux de nord-est et ceux de sud-est.

Par ceux d'ouest, jamais de passages ; ce sont les obstacles les plus sérieux qui forcent les bandes à stationner. Ils déterminent un changement de direction, mais ce n'est jamais sans avoir attendu une modification favorable que les oiseaux se décident à cette extrémité. Quand l'espoir s'est évanoui, le voyage recommence, mais péniblement, en louvoyant, en s'abritant derrière des montagnes qui atténuent et rendent moins pénibles les effets des mauvais vents. Le Jura, les Vosges, sont les premiers abris qu'ils peuvent gagner, puis enfin les Alpes dont les profondes vallées sont dans ces jours de détresse le refuge général. C'est ainsi que lorsque chez nous le passage avorte, on peut être certain qu'en Suisse il s'en produit un anormalement abondant. Les naturalistes le savent parfaitement ; aussi , comme je l'ai dit à l'article BÉCASSE, lorsqu'ils ne peuvent, en France , se procurer certaines espèces dont l'arrivée a fait défaut, sont-ils certains d'en trouver en abondance chez leurs correspondants de Suisse.

Il ne faudrait pas croire que, à l'abri des montagnes, les oiseaux se rient des vents d'ouest et n'en sentent pas l'influence ; quoique moins durement, ils la subissent cependant. Bailly a remarqué qu'en Savoie il retardait le passage ; « que « les oiseaux attendent sa fin pendant quelque « temps, mais que voyant leur attente trompée « et le temps du passage s'écouler, ils se déci- « dent à partir et arrivent maigres et exquin- « tés ».

Nos chasses les plus fructueuses se font par les vents contraires à la migration, quand les oiseaux arrêtés sur place sont forcés d'attendre. On peut fréquemment faire cette observation pour la caille et la Bécasse. La première passe surtout vent arrière (nord), et moins par celui de nord-est, quoique cependant il ne lui soit pas absolument nuisible. Mais si quand les bandes sont en marche le vent vient à tourner à l'ouest, au sud-ouest, ou mieux encore sud plein, malheur aux pauvres voyageuses ! Les chasseurs les déciment jusqu'à l'heure où le bon vent revient et les emporte.

Il n'y a qu'un danger moyen si ce temps d'arrêt s'opère dans les terres; mais si c'est sur les côtes de Provence qu'elles sont retenues; si c'est sur ces plages dénudées qu'elles sont forcées d'attendre (parfois plusieurs semaines) le secours de Borée, gare au Provençal!

Voici un fait singulier! Par les vents d'ouest le passage des échassiers de rivage est suspendu; très-bien! Où sont-ils dans ce cas, où se cachent-ils? Ni au marais, ni sur le bord des rivières, ni sur les vases molles du rivage, vous n'en rencontrerez un; mais vienne le vent à sauter brusquement à l'est, vous entendrez bientôt dans l'air à une hauteur considérable la voix d'appel d'un courli, d'un pluvier ou d'une Bécassine, venant d'où? je vous le demande. Maintes et maintes fois j'ai fait cette constatation, et aucun chasseur n'a pu encore m'éclaircir ce mystère. M. Hardy, de Dieppe, excellent observateur, a fait cent fois la même remarque sans jamais avoir pu l'expliquer.

Il n'y a que demi-mal quand le vent est variable dans sa direction; mais s'il est constamment contraire, il y a dans la gent ailée une véritable déroute. En 1823, au printemps, il ne quitta pas l'ouest; aussi les oiseaux firent-ils leur retour dans des conditions de pêle-mêle et de fatigue remarquables. Dans ces cas l'esprit de sociabilité paraît les quitter en présence des dangers et des peines qu'ils pressentent. Ceux qui passent ordinairement par bandes considérables ne font plus leur apparition que par petits groupes et successivement. Leur attitude ressemble assez à celle d'une armée battue et opérant sa retraite.

DIRECTION DE L'ÉMIGRATION

Quand le passage s'opère dans des conditions ordinaires, la direction générale de l'émigration, du point de départ à celui d'arrivée, est du nord-est au sud-ouest; aussi, et comme conséquence, l'Espagne est-elle le pays où le plus grand nombre d'oiseaux passent l'hiver. J'ai ouï dire par un vieux soldat du premier empire, grand chasseur au filet, qu'en Galice il y avait une telle agglomération d'oiseaux que son filet faisait presque vivre sa compagnie.

Le passage du printemps s'opère dans la direction du sud-ouest au nord-est.

Les vents spéciaux aux espèces sont nécessités par la longueur ou la brièveté, la force ou la faiblesse de leurs ailes.

La caille a besoin du vent du nord à l'automne, du sud au printemps. Elle passe aussi, mais beaucoup moins aisément, par ceux de nord-est et de sud-est.

La Bécasse rousse voyage par celui du nord-est. Elle a besoin d'avoir le vent en flanc et sous l'aile, ce qui prouve que, quoique plus rapide devant le chasseur, elle a cependant le vol moins vigoureux que la grosse Bécasse qui passe par celui du sud-est et du sud.

Les petits oiseaux à ailes courtes, les pinsons, les verdiers, les becs-fins, etc., volent presque vent arrière ; ce sont les vents du nord-est et du sud-est qu'il leur faut.

Les rameurs, qui comprennent les échassiers, les palmipèdes, les oiseaux de proie, les loriots, les pigeons, les hirondelles, les grives, etc., volent vent debout en y cédant un peu.

Les voiliers, qui se composent des oiseaux de mer, des nocturnes et de tous ceux qui ont l'aile bombée et rappelant par sa courbure la forme d'une voile à demi enflée, volent avec le vent de nord-est à l'automne, et de sud-est au printemps. Pouvant émigrer par tous vents, puisqu'ils passent vent debout, les rameurs sont ceux qui opèrent leurs voyages avec le plus de rapidité. Ceux d'entre eux qui n'ont pas besoin de se préoccuper de trouver des cols pour évi-

ter de trop grandes altitudes et une moins
grande pression atmosphérique, suivent la
ligne droite et volent à d'énormes hauteurs ;
ainsi voit-on le faucon pèlerin gagner la Lombardie en volant au-dessus des sommets de la
Jungfrau, qui mesure 4,175 mètres au-dessus
du niveau de la mer [1]. Pour voler vent debout,
les oiseaux à vol puissant ne présentent au
vent que le sommet de l'aile. Ceux à vol faible
volent vent arrière; ce dernier passant sous les
plumes, sous les ailes qui se lèvent d'arrière
en avant pour le recevoir, concourt à l'effort
de propulsion que ne pourraient opérer seuls
et suffisamment les battements des deux ailes.
Pour ce dernier mode de vol le vent doit être
modéré, autrement s'il était violent l'oiseau
serait renversé. Aussi préfèrent-ils le vent nord-
nord-est quand ils viennent du nord, et celui
de sud-sud-est quand ils reviennent du midi.

Partis par un vent favorable, les émigrants
peuvent être surpris par une tourmente devant
laquelle tout essai de résistance est impossible.
Force est de céder au souffle contraire et de se
laisser enlever par l'ouragan qui les transporte

[1] TSCHUDI

parfois à de grandes distances, voire même à de grandes hauteurs. C'est ainsi que Tschudi explique la présence du cadavre d'un pinson trouvé par Heer sur le glacier de la Palu.

Mais si des souffles contraires viennent à assaillir des bandes pendant la traversée d'une mer ou d'un bras de mer, la situation est plus grave ; il n'y a que deux chances de salut : trouver un vaisseau et s'y reposer, ou bien rencontrer une île. Horace Vernet fut témoin d'un mécompte de ce genre qui avait lancé en pleine Méditerranée un pauvre pinson qui certes comme ses pareils avait peu de goût pour la navigation. Le grand peintre se rendait, vers la fin d'octobre 1837, à Constantine qui venait d'être prise. Sur le point de toucher Oran, le bâtiment est rejeté au large ; attentif au grand spectacle qu'il a sous les yeux, il voit tomber sur le pont, mort de fatigue, un pinson dévoyé par l'ouragan. Ce petit épisode, il l'écrit à sa femme : « Aujourd'hui je me suis moins embêté « que les jours précédents, grâce à un nou- « veau venu auquel j'ai donné l'hospitalité ; « c'est un pauvre pinson que les autans nous « ont apporté. J'ai mis la main dessus. J'ai « voulu lui donner à manger, mais devine ce

« qu'il a préféré, c'est de se précipiter dans
« mon pot à eau pour boire! Il a manqué de
« s'y noyer... On fait des efforts inouïs pour
« braver un grand danger, puis la gourmandise
« vous fait succomber dans un petit. Je soigne
« mon petit oiseau pour lui donner la liberté
« quand il sera bien remis de ses privations et
« de sa fatigue. »

C'est ainsi et pendant les tempêtes si fréquentes de la Méditerranée que les vols d'hirondelles passant en Afrique viennent se reposer
sur les vergues des bâtiments qu'elles rencontrent.

Lorsque le vent contraire tombe et que la
continuation du voyage est possible, après une
rapide orientation tout se remet en route. C'est
une faculté particulière aux oiseaux de reconnaître leur chemin et la direction qu'ils doivent
suivre. Les migrateurs seuls sont ainsi doués.
Il est assez admissible que c'est à certains courants permanents à une hauteur qu'on ignore,
que les oiseaux reconnaissent la direction à
prendre. Les pigeons voyageurs aussitôt lâchés
montent en spirales à une hauteur donnée, et
sans hésitation apparente volent à tire-d'aile,
sans jamais se tromper, vers leur demeure. Les

pluviers, les courlis, les guignettes, etc., attirés la nuit par les lumières des villes, après avoir tournoyé en poussant leurs cris dolents, reprennent leur route en ligne droite.

Si les bandes crient la nuit, ce n'est pas parce qu'elles sont en peine de leur direction, mais seulement pour que personne ne s'éloigne de la troupe et qu'il n'y ait pas d'égarés.

Le jour elles crient moins; l'instinct de la conservation les rend plus sobres de voix sans doute pour dissimuler leur passage et ne pas éveiller les appétits destructeurs des hommes dont elles traversent le pays.

La hauteur du vol des migrateurs de nuit est en raison de la transparence du ciel : si la nuit est claire, le passage s'opère à une grande hauteur ; s'il y a du brouillard ou si la nuit est sombre, tous les oiseaux volent bas.

PASSAGE

Les oiseaux peuvent se diviser en trois catégories : migrateurs nocturnes, migrateurs diurnes et migrateurs mixtes, c'est-à-dire qui émigrent indistinctement la nuit et le jour.

Les nocturnes sont : le râle, la caille, la

bécasse, l'engoulevent, la chouette, l'effraie, le hibou-brachiote, tous les nocturnes enfin ; la pie-grièche, le martin-pêcheur, etc.

Les diurnes sont : les rapaces, les oiseaux de mer, les corbeaux, pies, geais, pigeons, tourterelles, pics, coucous, chardonnerets, bruants, verdiers, enfin tous les granivores ; les alouettes, les loriots, les hirondelles, les mésanges, etc.

Emigrants mixtes, c'est-à-dire de nuit et de jour : les becs-fins, comprenant les rossignols, fauvettes, traquets, bergeronnettes, gobe-mouches, etc., etc.; les canards, pilets, siffleurs, ridennes, sarcelles, etc., etc.; les oies, les cygnes, les harles, les petits échassiers, les cigognes, qui passent dans la croyance des campagnes pour conduire les migrations et attirer à leur suite les oiseaux qu'elles rencontrent ; les hérons, les grues, les merles, les grives, les pluviers, les plongeons, les poules d'eau, les râles, etc.

La hauteur du vol des individus composant ces trois catégories n'est pas la même, quand ils traversent le continent, que quand ils franchissent une mer. Les grandes espèces, dans ce cas, volent plus haut que de coutume, et les petites espèces plus bas. Ces dernières rasent le flot presque en suivant les ondulations de la vague, en sorte que l'on peut croire qu'elles sont à bout de forces, et qu'elles n'ont plus que quelques coups d'ailes à donner pour tomber et périr. Aussi, lorsqu'un gros temps les surprend au large, en meurt-il des milliers.

La mer semble être, et avec raison, un objet d'épouvante pour les petits oiseaux; ils ne la traversent que la nuit, et cette propension à fuir sa vue se remarque même dans la série des migrateurs diurnes. Il est même certaines espèces insectivores qui, accomplissant leur passage d'Italie, de Sicile et de Malte à la côte d'Afrique, tombent frappées de terreur et se noyent, quand au lever du jour elles n'ont pas touché le rivage. C'est par cette crainte que les Bécasses, quoique mieux douées quant aux ailes, arrivées à la fin de la nuit à l'embouchure d'un grand fleuve, s'y arrêtent et ne commencent ce qu'elles croient être une longue traversée, qu'à la fin du jour, à la première heure du départ.

Il ne faudrait pas croire, parce qu'ils sont pourvus d'ailes, que tous les oiseaux émigrent en volant. Les uns volent uniquement, mais à côté, d'autres marchent et volent ; enfin, il en est qui ne volent ni ne marchent, et n'accomplissent leurs voyages qu'en nageant.

Les premiers sont les rameurs et les voiliers. Leur conformation alaire, la puissance de leurs muscles, leur permettent par ce seul moyen d'effectuer leurs voyages.

Ceux qui alternent la marche et le vol sont les poules d'eau, les râles d'eau, de genêt, les marouettes, en général tous les oiseaux coureurs. Leur force locomotrice étant répartie dans les ailes et les jambes, il est rationnel qu'ils se servent des deux instruments.

Enfin n'émigrent qu'en nageant ceux qui ne marchent et ne volent que quand la nécessité les y contraint, et dont l'état ordinaire est de nager. Tels sont les plongeons lumme, imbrim et cat marin, les grèbes huppés, castagneux, etc., les guillemots, enfin tous les plongeurs.

L'abondance ou le petit nombre des oiseaux, au passage, dépend uniquement du vent. Par les mêmes vents, leur quantité est toujours la même. Quant aux émigrations anormales, elles sont toujours considérables, et cela pour deux motifs : Quand des oiseaux, sédentaires dans leur pays, ou ne se déplaçant qu'à de petites distances, viennent à manquer de nourriture, ou à prévoir une prochaine disette, il leur faut chercher ailleurs l'aliment de leur vie. La nature leur a donné pour ces conjonctures critiques un flair particulier, un sentiment d'intuition, une perspicacité instinctive qui leur enseigne où ils doivent rencontrer la nourriture particulière qui leur fait défaut, et aussitôt le vent favorable arrivé, l'espèce entière prend sa volée. Les traînards viennent rejoindre le gros de la tribu; aussi le pays qui porte l'aliment qui leur est nécessaire voit-il s'accumuler des masses d'oiseaux qui y séjournent jusqu'à ce que tout soit dévoré. Le passage ne recommence, ou pour mieux dire, le départ ne se produit que quand ils ont fait table nette; c'est ainsi, et pour ne donner qu'un exemple, que le bec-croisé ne nous arrive que quand, dans l'extrême nord qu'il habite, la graine de pin fait défaut et qu'elle est abondante chez nous.

Les individus d'un même genre passeront toujours à la même distance du sol, quelle que soit sa configuration. Pour les petites espèces, très-sensibles aux écarts de pression atmos-

phérique, elles ne s'élèvent jamais bien haut ;
mais les grandes espèces sont mieux douées :
à leur tête l'aigle, le vautour, le gypaëte, les
faucons, etc., qui planent librement au-dessus
des plus hauts pics. De même les cigognes, les
grues qui passent à une telle altitude au-dessus
des cols, que leurs cris seuls annoncent leur
présence. Ce fait s'explique par une organisa-
tion pulmonaire plus forte, qui les rend insen-
sibles à la raréfaction de l'atmosphère à ces
grandes hauteurs. Mais toujours fidèles à cette
habitude de voler au-dessus du sol à une distance égale, on les voit baisser, descendre
aussitôt que la chaîne de montagnes est fran-
chie. Si l'on n'a pas toujours l'occasion d'observer ce fait, qui ne se produit que dans des
régions montagneuses, nous en avons cependant des exemples sur une plus petite échelle.
Nos petits oiseaux que chaque automne nous
voyons émigrer exécutent sans cesse sous nos
yeux ces changements d'altitude. Sont-ils sur
une côte et arrivent-ils à une vallée, ils plongent
pour regagner le coteau opposé et s'y élever à la
hauteur qu'ils avaient tout d'abord. Les oiseaux,
en général, évitent les régions élevées ; c'est ce
qui explique leur petit nombre sur les mon-

12

tagnes. Si ils les traversent, c'est qu'ils y sont forcés, et qu'ils ne peuvent atteindre par une autre voie les pays où ils doivent hiverner. Bon nombre ne respirent que très-difficilement à 8,000 ou 10,000 pieds. Ils ne passent à l'aise qu'à 3,000 ou 4,000. Aux obstacles naissant des grandes hauteurs où un air trop rare les épuise, il faut ajouter les vents violents qui y soufflent à ces époques de l'année, les tourmentes de neige, de grêle, en un mot tout ce déchaînement d'éléments qui fait du sommet des montagnes des lieux de désolation.

Il faut bien croire, dès lors, que la Suisse et les Pyrénées sont des lieux de passage forcé pour toutes les espèces, puisqu'on les y rencontre réunies malgré les dangers qui les y assaillent.

Le passage n'a pas lieu également par tous les points. Il ne s'opère que sur quelques-uns. En Suisse, par exemple, on ne l'observe guère que sur les cols les moins élevés des Alpes Rhétiques, à la Bernina, au Splugen (1,543^m), au Luckmanier (2,045^m), et particulièrement au Saint-Gothard (2,232^m). Le Simplon et le grand Saint-Bernard sont moins fréquentés sans doute à cause de leur plus grande élévation.

C'est surtout par les oiseaux de l'Allemagne

occidentale, dont quelques-uns néanmoins passent par la France, que sont hantés les cols des
Alpes Rhétiques, et il ne serait pas impossible
que les contingents de Norwége et de Suède
vinssent aussi pour une certaine part les ren-
forcer.

Quant aux oiseaux de proie qui émigrent à
la suite des espèces dont ils se nourrissent, ils
ne séjournent pas sur les cols comme on l'avait
cru. Ce rôle de bandit, attendant du haut de
rochers inaccessibles le passage de troupes
épuisées et sans défense, est plus poétique que
vrai. Le passage des rapaces s'exécute sans
plus d'arrêts que celui des autres espèces, je
dirai plus, sans autant de stations; car le vent
ne les arrête pas, et les souffles les plus direc-
tement contraires ne pourraient que retarder
leur marche sans la suspendre. S'ils s'arrê-
taient et séjournaient sur les cols du passage
qui sont peu nombreux, ils s'y trouveraient
en telle quantité, qu'il deviendrait presque
impossible aux oiseaux de les franchir.

Le passage commence à la mi-juillet et finit
à la fin de novembre. Le retour dure de février
à mai.

Au retour, les espèces ne sont pas toutes

également précoces. Les unes, ce sont les plus dures, arrivent quand le froid sévit encore; d'autres attendent les tièdes haleines du printemps. De Tschudi a fixé leur époque d'arrivée pour la Suisse; elle est à peu près la même que pour la France, puisque le courant qui traverse la Suisse est une fraction de celui qui, traversant l'Italie, se divise en Lombardie pour entrer : 1° dans l'Allemagne orientale, par l'Adriatique; 2° dans l'Allemagne occidentale, par la Suisse; 3° en France, par les côtes méditerranéennes. Pour la Suisse et la France, l'époque du retour est donc à peu de chose près la même.

Les premiers oiseaux qui traversent les Alpes au retour du Midi sont, dès la mi-février, les cigognes, les étourneaux, les pinsons, les choucas, les rouges-gorges, les rouges-queues, les bruants, les traquets et les alouettes.

En mars, passent le faucon pèlerin, la bondrée, la Bécasse, le ramier, la bergeronnette, le milan, la chouette, les oiseaux de marais et de rivages.

En avril, les hirondelles, les coucous, les grives, et les oiseaux chanteurs.

En mai, les rossignols, les gobe-mouches,

les martinets, les pies-grièches, les rolliers, les
cailles, les engoulevents, les loriots, etc.

Toutes les tribus restent sédentaires jusqu'en
juillet : à ce mois, vers la fin, commence le
départ des rossignols, des coucous, des loriots..... que suivent en août les martinets,
les huppes, les cigognes et une grande partie
des becs-fins.

En septembre émigrent les oiseaux dont la
mue est terminée, et à la mi-octobre tous ceux
du pays ont émigré; ceux qu'on rencontre à
cette époque sont arrivés du Nord.

ORDRE DU PASSAGE

L'émigration ne se fait pas pêle-mêle, vieux,
jeunes, mâles, femelles, tous confondus, rassemblés par le hasard : ce serait une erreur de
le croire; elle a lieu, au contraire, méthodiquement, et suivant certains choix.

En général les vieux partent les premiers;
ils n'ont plus rien qui les retienne : leur
couvée a pris le vol; les obligations de la pa-
ternité n'existent plus désormais; leurs ailes
sont fortes et la saison rigoureuse est prochaine. Ils partent, laissant leur jeune couvée

se préparer, s'endurcir à la fatigue pour supporter les longs vols du voyage. Chez certaines espèces comme les loriots, par exemple, les vieux mâles partent les premiers. La femelle retarde-t-elle pour rester quelques jours encore près de sa chère nichée ? Je ne sais, mais elle part la dernière.

Chez d'autres, les Bécasses, les pinsons, etc., ce sont les vieilles femelles qui partent les premières. Chez un petit nombre, les jeunes précèdent les vieux. L'ortolan fait partie de cette catégorie, l'eider et le fou de Bassan, etc. Il arrive même pour ces deux dernières espèces que la migration de toute une année ne contiendra presque que des jeunes, si l'hiver est doux dans le nord et si le froid n'est pas assez vif pour forcer et combattre la nonchalance des vieux.

Temminck range le coucou dans une quatrième catégorie qu'il compose seul. Suivant lui, le coucou jeune n'émigre pas la première année : ce n'est qu'à deux ans qu'il accomplit son premier voyage. C'est ainsi qu'il explique la rareté du coucou roux chez nous, qui n'est, à son dire, que le jeune portant encore sa livrée de jeune âge qu'il ne doit changer que la seconde année contre les couleurs de l'adulte.

Ainsi, premier départ opéré par les vieux sujets, et parmi ces derniers le mâle précédant la femelle, ainsi que dans le monde des hommes la femme, avec ses *impedimenta,* ses chiffons et ses malles, est toujours la dernière à partir.

Si la composition des bandes entre elles diffère, la route suivie est également autre. Les jeunes, faute d'expérience sans doute, dans certaines espèces, suivent une direction diamétralement opposée à celle des parents : ainsi, les vieux eiders ne quittent jamais les bords de l'Océan, tandis que sur les lacs de Suisse on ne voit que des jeunes. Toutes les singularités de ce petit monde ailé ne sont pas entièrement connues des savants : bien des chasseurs sur ce point en savent beaucoup plus que les plus doctes professeurs; les oiseleurs surtout, qui parfois ne prennent dans leurs filets que des individus d'un même sexe ou d'un même âge. Que de pas et quels pas ferait l'histoire naturelle si ceux qui l'étudient et l'enseignent étaient chasseurs !

Tous les oiseaux ne parcourent pas les mêmes distances : il en est qui se déplacent à peine, d'autres qui restent en Provence et dans le midi de la France ; une troisième catégorie ne dépasse pas l'Italie ou l'Espagne ; une quatrième traverse la mer ; une cinquième, enfin, pénètre jusqu'aux profondeurs du Sahara et de l'Afrique centrale.

La première série se compose de deux espèces : l'alouette et la pie (peut-être le moineau). Leurs voyages ne se font pas du nord au sud et du sud au nord, mais bien de l'est à l'ouest et de l'ouest à l'est. Elles vont d'un département à un autre : elles sont instables plutôt que migratrices.

La seconde reste dans le midi de la France et particulièrement en Provence ; ce sont : le pinson ordinaire, le pinson des Ardennes, le bruant, le gros-bec, le verdier, le friquet, le geai, la cresserelle, l'émerillon, etc....

La troisième catégorie passe en Italie, en Espagne, et y séjourne ; ce sont : les rouges-gorges, les fauvettes, tous les oiseaux insectivores et chanteurs, les grives, les coucous....

La quatrième traverse la Méditerranée et se fixe dans un certain rayon du littoral ; ce sont : les bizets, les palombes, les Bécasses, les engoulevents, etc.

La cinquième comprend la caille, qui passe la

ligne et va, dit-on, jusqu'au Cap; le loriot et
la huppe, qui vont en Egypte, au Sénégal et
au delà; l'hirondelle, qui sillonne les terres
inexplorées de l'Afrique centrale, etc.

Vient enfin, pour clore cette nomenclature, la
série des erratiques qui n'ont pas de direction
déterminée et qui voyagent à l'aventure; ce
sont : l'étourneau, que l'on trouve dans tout
l'ancien continent; le héron blongios, la Bécassine, le Bécasseau, etc., etc.

DIRECTION

La direction est déterminée par la configuration du pays et par la nourriture. Les palmipèdes et les échassiers suivent de préférence
les grandes vallées et la mer; c'est là qu'ils
trouvent les vases molles, les eaux qui pro-
duisent les petits mollusques, les herbes, les
vers dont ils font leur pâture. Les insectivores
ne peuvent que prendre la voie de terre, là
où abondent les chenilles et autres larves, les
insectes. Les baccivores et les granivores ne
quittent pas les forêts et les plaines. Quant à la
tribu des râles, elle suit les bords des rivières.

Les points de ralliement ne sont pas moins

certains que la direction. Au printemps, au retour du Sud, les grandes espèces aquatiques et
paludéennes, dont les vents et les hommes ont
un peu dispersé les bandes, semblent s'être
donné rendez-vous sur certains points des
bords de la Méditerranée. Elles affectionnent les
grands golfes tels que celui de Venise, de
Gênes, de Lion, de Gascogne. Les premiers
arrivés se reposent, se réparent, attendent les
retardataires; cette station ne dure guère plus
d'une semaine : ce temps écoulé, tout le monde
prend sa volée, et la plage cesse de retentir des
cris des voyageurs. Ceux du golfe de Venise
gagnent le Danube et se répandent sur tout
son cours jusqu'à la mer Noire.

Ceux du golfe de Gênes cinglent vers le lac
de Genève, et de là, gagnant les autres grands
lacs de la Suisse centrale, arrivent à la vallée
du Rhin, descendent le fleuve et se répandent
sur tout son cours dans les marais, dans les
étangs qui le bordent. Les uns restent en Hollande, les autres enfin gagnent le Danemark,
la Baltique, la Norwége, jusqu'à l'océan Glacial. La Suisse, ou plutôt ses lacs, sont le
point de passage le plus considérable de toute
l'Europe. Les oiseaux rassemblés dans le golfe

de Gascogne viennent tous d'Espagne : ils
suivent le littoral et gagnent de la sorte leur
séjour d'été. On y rencontre beaucoup de plongeons, de grèbes, de guillemots, de macareux
moines, de pingouins torda, etc., tous oiseaux à
vol court.

La migration d'automne ne s'opère pas de
même ; les bandes ne sont plus composées de
même façon : il y a des jeunes, et beaucoup, qui
sont à leur premier voyage ; or, il semble que
pas plus dans le monde ornithologique que dans
celui des hommes, la jeunesse ne veuille écouter
les conseils de l'expérience ; les vieux sujets
prennent le chemin des sages, le moins dangereux, le plus facile pour l'approvisionnement ;
les jeunes, celui de leur fantaisie, et ce n'est pas
toujours le plus sûr. C'est ainsi, comme je l'ai
déjà dit, qu'en Suisse, à chaque hiver, on tue
sur les lacs bon nombre de jeunes eiders et
jamais un vieux, ces derniers ne passant que
par les hivers rudes et ne quittant pas dans ce
cas les côtes de l'Océan. C'est encore pour ce
motif que, dans la Suisse méridionale, on ne
voit passer que des jeunes cigognes noires, les
vieilles se dirigeant d'autre côté. Il en est ainsi
pour beaucoup d'autres espèces.

Au départ d'automne il n'y a pas de rassemblements comme au printemps sur des points déterminés du littoral méditerranéen. Les oiseaux volent à tire-d'aile comme s'ils avaient hâte de fuir l'imminence d'un danger. On peut diviser l'émigration de départ en quatre courants principaux :

1° Par la France orientale, la Suisse, le Tyrol, l'Italie, la Sicile et l'Afrique;

2° Par la France du centre, la Corse, la Sardaigne et l'Afrique;

3° Par la France du littoral de l'Océan, l'Espagne et l'Afrique;

4° Par la Hongrie et le Danube jusqu'en Turquie, en Grèce, l'Archipel et l'Égypte.

A l'époque du départ, l'esprit de sociabilité, mais à des degrés différents, se développe chez beaucoup d'oiseaux, comme si les fatigues et les dangers du voyage étaient plus légers à supporter en commun. Chez d'autres aucun symptôme de ce sentiment n'apparaît. Après avoir vécu tout l'été solitairement, c'est encore seuls et isolés qu'ils entreprennent le voyage. Ceux qui émigrent par grandes bandes sont : les oies, les canards, les macreuses, les pigeons, les hérons, les grues, les cigognes, les Bécasses, les cailles, pluviers, vanneaux, les étourneaux, les hirondelles, les grives, etc.

Ceux qui se forment en petites troupes sont : les oiseaux de rivages, barges, combattants, etc. ; les tourterelles, les perdrix roquettes, les Bécassines, les becs-croisés, les pouillots, les roitelets huppés, etc., etc.

Enfin ceux qui émigrent isolément sont : les rapaces, les grèbes, les plongeons du Nord, les coucous, les poules d'eau, les râles, les loriots, les pies, les sitelles, les torcols, les geais, les insectivores, les granivores, etc.

Si, pour terminer ce travail assez aride de classification, on veut considérer les oiseaux eu égard au mode et à la longueur des voyages qu'ils exécutent, on peut établir cinq grandes coupes qui comprennent :

1° Les oiseaux sédentaires ;

2° Les oiseaux instables ;

3° Les migrateurs périodiques et réguliers ;

4° Les migrateurs accidentels ;

5° Les oiseaux erratiques.

Dans la première se trouve l'alouette, qui n'émigre pas, puisqu'elle ne fait qu'aller d'un département à l'autre, plus souvent de l'ouest à l'est que du nord au sud. On ne peut

donc vraiment dire qu'elle quitte la contrée
qu'elle habite. Le moineau, la pie, le freux,
la chevêche, la perdrix grise, la perdrix rouge.
Cette dernière se déplace, mais n'émigre pas,
quoi qu'on en dise. Le rouge-gorge, la fauvette
traîne-buisson, le troglodyte, etc.

Dans la seconde : la famille des goëlands,
les cormorans, les choucas, et quelques autres
espèces.

Dans la troisième : les petits insectivores,
les petits granivores, la Bécasse, la caille, les
chevaliers, les barges, les courlis, les foulques,
les marouettes, les râles, les canards, quelques
sternes, les guillemots, les oies, les cygnes, les
cigognes, les grues, les hérons, les spatules, les
plongeons, les pigeons, les effraies, les scops,
les grives, etc., etc.

Dans la quatrième : les martins roses et les
faucons kobez qui font leur apparition à la
suite des bandes de sauterelles dont ils sont
très-friands ; les becs-croisés qu'attire l'abondance des graines de tuyas et de pins, le size-
rin boréal, la perdrix roquette, l'eider, le fou
de Bassan, les stercoraires, etc.

Dans la cinquième : l'étourneau, le merle
erratique, la grive dorée et quelques autres.

OBSTACLES

Le vent, qui prête à l'oiseau pendant ses voyages l'assistance la plus efficace et la plus puissante, est aussi l'obstacle le plus sérieux à son départ. Il contrarie, il retarde, il s'oppose, suivant sa force, sa direction et sa constance. Ses effets ne sont pas les mêmes pour toutes les espèces ; ce sont surtout celles de petit vol qui en sont le plus affectées ; quant à celles dont l'aile puissante pique dans la tourmente et vole au-dessus des cols et des glaciers, le vent n'apporte pas même de retard à leur marche, capables qu'elles sont d'aller chercher dans les hautes régions de l'atmosphère une zone paisible à l'abri des souffles de la terre.

Il serait superflu de parler plus longuement de ce point qui a été traité implicitement au chapitre des vents favorables à l'émigration.

Les oiseaux de rapine, les rapaces, émigrent à la suite des oiseaux à chair délicate, et en font leur nourriture. Il n'y a pas d'émigration, à quelque classe qu'elle appartienne, mammifères, rongeurs, insectes, poissons, qui ne soit suivie d'animaux de proie. Les armées elles-mêmes dans les guerres du commencement du siècle étaient suivies de bandes de loups et de corbeaux que les batailles ne laissaient jamais chômer de pâture.

A la suite des granivores, des insectivores et des petits oiseaux se montrent les éperviers, les cresserelles, quoique moins dangereuses et s'occupant autant à poursuivre les rongeurs des moissons ; les hobereaux rapides comme la foudre, et l'émerillon qu'en fauconnerie on rangeait dans la catégorie des oiseaux nobles. L'autour suit les ramiers ; avec les palmipèdes du Nord descendent les balbuzards et les pygargues.

Les buses sont moins spéciales, elles prennent aussi bien les mulots que les perdrix, les reptiles que les levreaux ; elles chassent toute espèce d'aliments.

Les faucons pèlerin et lasnier, les aigles, dédaignent les menues proies, mais prennent indistinctement un canard, un perdreau ou un tétras.

Ce n'est vraiment que pendant le jour que les oiseaux de moyenne ou de forte taille courent un danger sérieux ; la nuit met fin à leurs périls. Soit qu'ils reposent perchés comme les

tourterelles, les pigeons, etc., soit que, débar-
rassés des poursuites de l'homme, ils se livrent,
comme les oies, les canards, les échassiers,
etc., à la recherche de leur nourriture, ils
n'ont rien à craindre, jusqu'à l'aurore, de leurs
persécuteurs qui eux-mêmes se livrent au sommeil. Mais les petites espèces qui se réfugient
dans les taillis, dans les haies, pour y dormir,
que de drames sanglants se déroulent chaque
nuit au milieu de leurs bandes épouvantées !

C'est à l'heure où le jour tombe que commencent ces dangers. Tout dort sous la feuillée,
hors les brigands nocturnes qui ont nom ducs,
scops, hulottes, effraies, chevêches. Ils sortent
de leurs trous, poussent quelques cris lugubres,
puis d'une aile silencieuse explorent les buissons et les cépées qui abritent les voyageurs
harassés. Que d'égorgements, que de sang
ainsi versé chaque nuit !

On peut difficilement se figurer la quantité
d'oisillons dévorés de la sorte par ces carnassiers, qui tout en chassant émigrent en suivant
la nuit la direction des troupes qui voyagent le
jour.

La dîme qu'ils prélèvent est énorme et de
beaucoup plus considérable que celle prise sur

les oiseaux moins chétifs par les éperviers et
tous les falconiens et les aigles.

Pour les émigrations qui s'opèrent en suivant les côtes de la mer, que ce soit la Baltique, la mer du Nord ou l'Océan, peu importe,
la présence des phares constitue un danger
sérieux. C'est surtout dans les nuits sombres,
quand il est important de ne pas dévier et de
ne pas prendre son vol à travers la mer, que
l'oiseau inquiet de sa direction se laisse impru-
demment attirer par la lueur menteuse qui
brille à l'horizon. Croit-il que c'est le jour qui
poind, est-il fasciné par la vivacité de la
lumière, on l'ignore ; mais ce qui est certain,
c'est qu'il vole vers elle de toute la force de
ses ailes, et tombe la tête brisée par le choc des
glaces. Certains gardiens de phares se font
ainsi un petit revenu qui varie suivant les
années ; ce sont surtout ceux des côtes de la
Manche, qui, outre les oiseaux longeant le
rivage depuis leur départ, reçoivent encore
ceux qui quittent l'Angleterre pour gagner le
continent. C'est ainsi que le gardien du phare
de Cayeux près Saint-Valery-sur-Somme, pour
ne citer qu'un exemple, ramasse chaque nuit,
dans les temps de bourrasque et de passage,

des grives, des Bécasses, des pluviers, et beaucoup d'autres petits oiseaux de moindre dimension, qui, jetés hors de leur route par la violence du vent, sont attirés par ce foyer lumineux.

La traversée de la mer est pour les oiseaux une grande épreuve. Non-seulement les vents par leur variabilité peuvent contrarier, empêcher le voyage, et mettre les voyageurs en péril, mais la vue de la mer elle-même, ai-je dit, est un épouvantail qui les terrifie. C'est surtout sur les petites espèces qu'elle agit le plus puissamment, sur celles qui, protectrices de nos vergers, de nos moissons, nous sont précieuses au premier titre. Il semble que leur timidité soit à l'unisson de leur faiblesse. Les migrateurs à ailes fortes passent et traversent la mer aussi bien le jour que la nuit, mais à de grandes hauteurs : tels sont les canards, les cigognes, les pluviers, les rapaces, etc.; les petits oiseaux ne s'y engagent jamais que la nuit. C'est à la chute du jour qu'ils prennent leur volée; l'obscurité leur dérobe la vue de l'immense plaine sur laquelle ils sont suspendus, et leur frayeur n'est pas excitée. Il faut qu'aux premiers rayons du jour ils aient gagné la terre, autrement l'effroi les paralyse, ils tombent et se noyent.

M. Hardy, de Dieppe, me contait qu'un de
ses correspondants d'Afrique avait pu constater
ces faits de la façon la plus certaine. C'était
dans les environs de Stora ou de Bone, vers le
point le plus rapproché de la Sicile et de
Malte, stations précieuses et particulièrement
fréquentées à l'époque du passage. Ce naturaliste se rendait le matin avant l'aube, en ba-
teau, à quelque distance du rivage, assez loin
pour que les côtes voilées de brumes commen-
çassent à disparaître à l'horizon. Jusqu'aux
premières lueurs du jour le passage s'opérait
de la façon la plus régulière; il entendait le
cri cadencé des becs-fins qui sentant l'approche
de la terre faisaient force de rames; mais le
crépuscule venait-il à poindre, une panique
facilement appréciable saisissait les attardés
qui, se voyant au milieu de l'eau et croyant à
leur perte, s'y laissaient tomber et s'y noyaient.
Ce fait se renouvelait chaque jour, et je laisse à
penser combien de morts marquent ainsi chaque
lever de soleil sur toute l'étendue des côtes
méditerranéennes.

Jusqu'ici je n'ai parlé que des obstacles natu-
rels des migrations; restent ceux qui sont le
fait de l'homme et dont les effets cent fois plus

désastreux devraient être l'objet de la sollicitude des gouvernements. C'est une question
vive et de première importance, et qui devrait
dans l'Europe entière être mise à l'étude, que
celle de savoir quel système de protection doit
être appliqué aux oiseaux utiles à l'agriculture. On acclimate beaucoup, ou pour mieux
dire, on fait beaucoup d'essais ; on introduit
dans nos basses-cours des gallinacés nouveaux,
la Californie envoie dans nos garennes les
oiseaux de ses forêts, nos fermes regorgent
d'instruments de récente invention, l'agriculture marche à grands pas dans la voie du progrès ; un seul point jusqu'ici était resté dans
l'ombre, on ne l'oubliait pas, on l'ignorait :
c'était de favoriser la multiplication des auxiliaires et des protecteurs de l'agriculture. C'est
une idée bien pratique, bien simple ; c'est elle
qui a été la dernière étudiée. Enfin sous l'Empire, quatre pétitions adressées au Sénat et
demandant que des *mesures fussent prises pour
la conservation des oiseaux qui détruisent les
insectes nuisibles à l'agriculture,* ont provoqué le
très-remarquable rapport de M. Bonjean, dans
la séance du 27 juin 1861.

Cette œuvre est un traité complet d'ornithologie agricole, c'est un de ces livres précieux écrits pour tout le monde et qu'on devrait trouver dans les mains de chaque agriculteur. Il lui apprendrait que la gent emplumée qui anime ses champs de ses concerts est aussi la protectrice de ses moissons, et que l'oiseau dans les campagnes est le bon ange qui couvre de son aile la grange du laboureur.

Qu'est-il sorti de ce rapport? rien que je sache d'appréciable; les préfets prohibent bien dans leurs arrêtés la chasse aux petits oiseaux, mais le panneau, la pentière, le drap-de-mort ne sont-ils pas également défendus, et vit-on jamais sur les marchés plus de perdrix sans traces de plomb?

Cette question des oiseaux utiles est, je le dis encore, de la plus sérieuse importance et devrait être l'objet de règlements internationaux. Le cœur du mal est en Italie; c'est là qu'il faudrait porter le fer!

Les deux grands courants migrateurs traversent d'un côté l'Espagne, de l'autre l'Italie. En Espagne on chasse peu et le filet n'y est pas en honneur. En Italie au contraire et dans la Suisse italienne il fait rage. Quand l'époque du passage arrive, et quand l'avant-garde de l'émigration commence à être signalée, ce n'est pas de la passion qu'excite sa vue, c'est de la frénésie. « Gens de tout âge et de toute condi- « tion », dit Tschudi, « enfants, vieillards, « nobili, négociants, prêtres, ouvriers, ma- « nœuvres, paysans, tous abandonnent leur « travail accoutumé pour attaquer comme des « bandits les troupes de ces hôtes passagers. » Partout alors se dressent les piéges et les engins de mort, les doubles nappes, les filets à abreu- voir, les roccoli, les lacets, les gluaux, les sau- terelles, etc.; l'air retentit des coups de fusil qui frappent ceux qui, trop expérimentés, fuient les amorces qui leur sont tendues. Une invention toute italienne et qui est surtout en honneur est le roccolo. Le chasseur se nomme roccolador; il établit sur une colline ou sur un sommet, de manière à être aperçu de loin, un juchoir garni d'un coussinet qui empêche le contact du bois. Il y pose un scops *(strix scops)* ou une chevêche *(strix passerina)* apprivoisée. L'oiseau est fixé au juchoir par une corde, et à l'autre patte est attachée une autre corde plus longue dont le chasseur tient l'extrémité opposée. Tout autour de l'oiseau et à une petite distance on dispose de petits arbres à gluaux.

A peine le roccolador s'est-il caché dans la
petite cabane de branchages qu'il s'est bâtie,
que la chevêche ou le scops se mettent à se
livrer à ces mouvements de tête et à ces con-
torsions que tout le monde a remarqués. S'il
s'engourdissait et ne remuait pas, le chasseur
tirerait alors la ficelle attachée à sa patte et le
forcerait à gambader. Les oiseaux de nuit sont
les ennemis jurés des petits oiseaux ; dès qu'un
de ces derniers a aperçu le perchoir, il y vole
à tire-d'aile et là, voletant, criant, parfois
même frappant de l'aile, il appelle tous ses
pareils du voisinage. Pinsons, mésanges, rouges-
gorges, rossignols, tout accourt ; c'est un va-
carme à ne plus s'entendre ; les gluaux se
collent aux plumes, les oiseaux tombent, et,
quand le dernier a fait sa victime, le roccolador
sort, ramasse, tue et refait les apprêts d'un
nouveau massacre. Cette chasse se fait de juillet
en novembre, et l'on n'ose penser sans effroi
au nombre des victimes d'une année quand on
sait qu'un roccolador heureux peut en un jour
ramasser jusqu'à quinze cents petits oiseaux.
Dans les seuls environs de Vérone, de Bergame
et de Brescia, le nombre des oiseaux pris de la
sorte en un seul automne s'élève à plusieurs

millions! Sur les bords du lac Majeur on n'en
prend pas moins, chaque année, de soixante
ou soixante-dix mille dont les oiseaux chanteurs forment plus de la moitié, et cela, dit
Tschudi dans sa juste indignation, et cela dans
la patrie de la musique et du chant!

Je gravissais, en 1861, le Saint-Gothard
comme les premiers émigrants commençaient
à gagner les plaines italiennes par les différents cols des Alpes qui en forment au nord
la barrière. D'Hospenthal à l'hospice j'en ren-
contrai un grand nombre ; beaucoup de rouges-
queues, de rossignols de murailles, de bergeronnettes, de traquets, de farlouses ; ils montaient
tous à petit vol les pentes dénudées qui con-
duisent au sommet, sautillant et cherchant sous
le gazon et dans les anfractuosités de la roche
les larves et les insectes que la bise y tenait
cachés. Le temps était dur, le froid vif ; une
brume assez épaisse voilait le soleil : c'était un
temps d'hiver. En voyant ces petits êtres, j'ad-
mirais le merveilleux instinct qui les pousse à
affronter ces passages désolés, les tourmentes
des cols, les poursuites des rapaces échelonnés
sur leur route, pour aller chercher au-delà de
ces neiges un chaud soleil et de riantes cam-

pagnes. Lorsque je redescendis le soir, plus un
oiseau! Ils avaient dû gagner le versant méridional, pressés de quitter, à l'approche de la
nuit, ces ravins inhospitaliers. Cette intuition
instinctive d'un climat plus doux, dont l'idée
me charmait, s'associait en moi à la pensée des
dangers de toute sorte qu'ils allaient avoir à
traverser. Il me semblait entendre les cris de
joie féroce qu'exciterait leur vue, et voir les
Tessinois dressant leurs piéges sur tous les cols
depuis le Saint-Gothard jusqu'aux Grisons.
Pauvres protecteurs de l'homme, de quel tribut
de reconnaissance êtes-vous payés! Décidément,
aux Italiens je préfère les Comanches ou les
Apaches scalpant les blancs qui leur volent,
eux, leurs montagnes, leurs prairies, leurs
forêts.

On croit peut-être que les villes leur sont
un asile, qu'ils y sont respectés.... Erreur. Le
moineau, l'hirondelle, y trouvent aussi la mort.
L'hirondelle qui rend l'air respirable, qui pour-
suit sans relâche ces essaims de moucherons
qui, sans elle, empoisonneraient l'atmosphère,
l'hirondelle est prise à l'hameçon. Près du nid
qu'elle construit, à la fenêtre même où elle colle
son édifice de boue, l'homme, sous la protection

duquel elle a cru placer sa famille, tend une ligne au bout de laquelle flotte une plume légère taillée en forme de mouche ou de papillon ; l'oiseau trompé la saisit dans son vol pour la porter à sa couvée, et y reste suspendu. La plume cachait un hameçon !

Ce n'est pas seulement en Italie qu'on mange l'hirondelle ; à Halle en Allemagne, à Tarascon, à Beaucaire en France, on les mange à la brochette.

Il n'est pas d'oiseau incomestible pour l'Italien ; le gobe-mouches, le troglodyte, les mésanges ne trouvent pas grâce devant lui. La chair du martinet lui paraît tendre, et celle du pic et de l'épeiche n'est pas désagréable à son palais.

Veut-on savoir, puisque j'ai parlé, entre beaucoup d'autres oiseaux, des mésanges, des hirondelles et des martinets, quelle est leur valeur comme destructeurs d'insectes ; voulez-vous le savoir, écoutez Gloger : il rapporte que M. Girardeau-Leroy sut constater qu'en vingt et un jours un couple de mésanges et leur nichée avaient consommé quarante-cinq mille chenilles.

Dans une serre trois rosiers de haute tige

étaient couverts de deux mille pucerons. On y introduisit une mésange nonnette ; en peu d'heures tous les pucerons furent mangés et les arbres parfaitement nettoyés.

Le martinet se nourrit d'insectes de toutes sortes, diptères, orthoptères, coléoptères. M. Florent Prevost a fait des constatations fort curieuses relatives à cet oiseau. Du 15 avril au 29 août il en fit tuer dix-huit vers la fin de la journée ; il les ouvrit et trouva dans leur jabot des débris d'insectes. Ces insectes détruits s'élevaient approximativement à quatre cent quatre-vingt-trois. Les hannetons y étaient en majorité.

L'hirondelle mange moins d'insectes à élytres que de moucherons et d'éphémères ; aussi a-t-elle toujours l'estomac rempli d'une bouillie dont il est fort difficile de faire l'analyse. Seulement par la pensée on peut se figurer quelle quantité énorme elle détruit chaque jour, quand on sait que dans ses vols non discontinués de l'aurore au crépuscule du soir, elle ne fait que chasser et avaler sans relâche les insectes ailés que sa vue perçante lui permet de distinguer.

Le moineau est avec l'hirondelle et le martinet l'assainisseur des villes, comme au nouveau monde le caracara et l'urubu, et en Orient les cathartes, les vautours et les cigognes ; seulement, en Amérique et en Orient, les hommes comprennent de quel religieux respect ils doivent entourer ces protecteurs qui leur permettent de vivre, et ils leur sont sacrés.

Le moineau est de première utilité : tout le monde le connaît, mais tout le monde ne connaît pas sa mission. On croit généralement qu'il est plus nuisible qu'utile, parce que comme le freux il fait payer ses services de quelques grains qu'il vole au laboureur. Le moineau est indispensable. Son histoire n'est pas longue. Il est omnivore et très-peu difficile sur le choix de ses aliments; seulement il a une prédilection marquée pour les insectes; et comme la puissance digestive de son estomac est grande, il a toujours faim. Dans les villes, près des habitations où il fait élection de domicile, les insectes sont plus abondants que les graines, et comme il est très-friand de nourriture animale, il fait aux larves, aux mouches, aux chenilles, aux œufs de ces dernières, une guerre de tous les instants. Un jour un prince lui déclara la guerre. Le grand Frédéric, roi

de Prusse, aimait beaucoup les cerises. A Pots-
dam il avait fait planter des cerisiers, et chaque
jour il se plaisait à aller constater lui-même
de visu la coloration croissante de son fruit
favori. Des essaims de moineaux, tout en pur-
geant les arbres des parasites qui les pouvaient
tourmenter, constataient, eux, *de gustu* les
phases de la maturité. Le roi s'en irrita et décréta leur mort : une Saint-Barthélemy fut
ordonnée. Une prime de six pfennings serait à
l'avenir payée par chaque couple de moineaux
détruit. La chasse fut dès lors faite avec une telle
activité que tous les ans le roi avait à payer
en primes plusieurs milliers de thalers. Bientôt la destruction complète du moineau fut opé-
rée, mais en même temps que celle de la cerise
elle-même et de beaucoup d'autres fruits. Les
chenilles avaient beau jeu : leur ennemi était
mort.

La leçon était dure : le vainqueur de l'Au-
triche était vaincu par des moineaux! Le roi le
comprit, et, dit fort spirituellement le rapporteur
au sénat, il s'estima heureux de signer la paix,
au prix de quelques cerises, avec les moineaux
réconciliés.

A Vienne, plus tard, oubliant l'exemple

du grand Frédéric, on mit aussi sa tête à prix :
chaque cultivateur dut payer, outre sa contri-
bution, deux têtes de moineau. Les arbres
furent bientôt dévorés par les chenilles, et l'oiseau dut à l'avenir être protégé [1].

C'est surtout à l'époque de la couvée que
l'alimentation de ses petits rend le moineau
précieux. Tschudi a calculé que pendant cette
époque un couple ne porte pas moins, par
chaque semaine, de trois mille insectes à son
nid, chacun des parents donnant la becquée
au moins vingt fois par heure.

Sur une terrasse de la rue Vivienne où un
couple avait niché, on compta les élytres des
hannetons rejetés du nid : il y en avait qua-
torze cents. — Sept cents hannetons avaient
donc été détruits.

Quant aux mouches et aux chenilles qu'ils
avalent, transformées aussitôt en bouillie dans
leur estomac, elles ne peuvent être comptées.
Sans tenir compte de tous ces bienfaits, en Italie
et en Espagne on les pourchasse. Dans ce dernier
pays, le moineau est considéré comme branche
de l'alimentation publique ; il trône sur les mar-

[1] QUATREFAGES, *Souvenirs d'un Naturaliste.*

chés. Le docteur Sacc a écrit : « Le moineau
« est un des gibiers régulièrement apportés au
« marché de Barcelone, où l'on voit de grandes
« cages pleines de deux cents à six cents indivi-
« dus vivants [1]. » Ce sont des jeunes. On les
prend ainsi : on attire les couples près des
maisons, où on leur dispose des vases en terre
sur les terrasses et où ils peuvent nicher. Quand
les petits sont assez forts, on les enlève et ils
sont portés au marché.

Le certificat le plus éclatant vient de lui être
accordé par la société d'acclimatation de Melbourne. Constatant l'énorme disproportion, en
Australie, entre les insectes nuisibles et les
oiseaux destructeurs, elle a appelé le moineau
à son aide. Elle a demandé en Europe le plus
grand nombre possible de ces oiseaux, et en
mars 1863 une colonie nombreuse faisait voile
pour Melbourne.

Il semble que ce soient les oiseaux les plus
utiles qui soient l'objet des poursuites les plus
actives : c'est cette destruction qui rompt
l'équilibre établi par la nature entre les oiseaux
et les insectes; plus on va et plus ces derniers

---

[1] *Bulletin d'acclimatation*, août 1862.

pullulent ; leur nombre va croissant chaque jour. Le pays où ces constatations ont été faites le plus méthodiquement est l'Allemagne. En France elles pourraient l'être aussi si l'administration des forêts était animée du même esprit de recherche et d'observation.

Pendant ces dernières années les forêts de pins de la Silésie ont été décimées par la chenille de la nonne *(Phalœna monacha)*[1].

Dans les environs de Stettin les noctuelles dépouillèrent de son feuillage, en peu de semaines, une forêt de sapins de 860 arpents. En Franconie, la nonne et le lasiocampe dévorèrent complétement une forêt de 2,200 arpents, malgré tout le soin que l'on prit pour les détruire. On pourrait ainsi citer cent autres exemples constatés.

Le nombre des insectes destructeurs croît de telle sorte que les moins observateurs en sont frappés : le lucane, le cérambyx, dans les forêts de chênes; la pyrale dans les vignobles, les charançons dans les grains; dans les plantations de pins et de sapins, les bostriches, la tordeuse du pin, le charançon brun, l'hilurgus pini-

[1] GLOGER.

perde, les tenthrèdes, la nonne, etc.; dans les forêts à feuilles caduques, la processionnaire du chêne et le bombyx dispar. Il ne faut pas oublier le hanneton qui s'adresse à tous les végétaux et qui, tous les quatre ans, cause des pertes énormes. Il est vraiment étonnant qu'en France il n'y ait pas de loi pour la destruction du hanneton comme il y en a une sur l'échenillage. Plus à craindre que les chenilles qui ne menacent que la récolte de l'année, il s'adresse à la vie de l'arbre lui-même. Et cependant tout porte à le détruire, puisque, outre l'avantage qu'y trouveraient l'agriculteur, le forestier, l'arboriculteur, le maraîcher, etc., on pourrait encore tirer de sa dépouille une foule de produits. Suivant Tschudi, il peut subir dix transformations. C'est un bon engrais, une bonne nourriture pour les poules; desséchés, les vaches les mangent avec plaisir et leur lait augmente. Les chimistes en font une couleur brune et un bon bleu de Prusse. Il contient beaucoup d'huile (seize mesures de hannetons donnent six mesures d'huile); on en fait un gaz très-clair, une bonne graisse à voitures. Les cuisinières (c'est ce qui m'étonne le plus) en font une soupe nourrissante et savoureuse, semblable à la soupe aux écrevisses. On en peut faire aussi un agréable bonbon de dessert.

Tous les oiseaux sont utiles, et leur utilité croît généralement en raison inverse de leur taille. Ceux qui ne sont pas classés dans la catégorie du gibier devraient être l'objet d'une surveillance et d'une protection efficaces. Chaque espèce a sa spécialité :

Les pics et les épeiches détruisent les insectes nuisibles aux bois et qui se tiennent sous l'écorce, les noctuelles, les lasiocampes, les bostriches, les lucanes, etc. Les mésanges ont la même mission, mais pour ceux de moindre dimension : elles ont surtout grand soin de nos vergers. Les hirondelles chassent les mouches, les éphémères, les insectes ailés de la plus petite taille. Les Bécasses ont la spécialité des terreaux et des lieux humides; les échassiers fouillent les vases molles; les palmipèdes, les eaux et leurs bords; les becs-fins, les haies, les buissons, où leur œil découvre les petits parasites qui y pullulent. Les troglodytes scrutent les toits en chaume, les fissures des murs où certains insectes déposent leurs œufs. Les moineaux veillent sur les maisons; les coucous sont spécialistes : eux seuls parmi les oiseaux peuvent manger les chenilles velues, noctuelles, processionnaires, que leurs longs poils rendent un objet de dégoût pour les autres. Les grives mauvis dans les bois et dans les luzernes chassent de petits coléoptères nuisibles : j'ai trouvé nombre de fois leur estomac plein d'élytres et de débris de *gastrophysa polygoni,* de *sitnes sulcifrons* et *hispidulus,* etc. Les étourneaux ne quittent pas les prairies ; c'est un oiseau sacré en Hollande. A Harlem, je les ai vus perchés sur les arbres des promenades, sur les maisons, sur les balcons des fenêtres. Ils ne sont pas moins familiers que les moineaux. Les marais insalubres que fuient les insectivores, l'étourneau les parcourt en grandes bandes et y trouve une abondante pâture de vermisseaux et d'insectes. Les calandres ou alouettes huppées ont de même le privilége de pouvoir vivre dans les lieux où règnent la malaria et les fièvres paludéennes. Ce sont les seuls oiseaux que j'aie observés en été dans les maremmes qui entourent Palo (États romains) et dans les marais pontins. Les corneilles méritent une mention spéciale : ce sont les ennemis les plus acharnés des mans ; elles en détruisent des quantités immenses. Elles enfoncent leur bec jusqu'aux narines

dans la terre qui les recèle et les amènent à
la surface pour les avaler ensuite. Leurs becs
dénudés disent assez leurs recherches et leurs
longs services. Lorsque à la suite du laboureur
on les voit couvrir la terre de leurs noirs
essaims, c'est moins le blé semé qu'elles viennent y chercher que la larve du hanneton que
la charrue a amenée à la surface du sol. Si la
corneille défend le champ du laboureur, le
choucas tient sous sa protection les clochers
des églises, et sa vigilance s'exerce sur les insectes qui perforent et rongent les bois dont
ils sont construits.

L'alouette, si justement vantée pour la délicatesse de sa chair, n'a pas été créée seulement
pour les tables. Le rôle que véritablement elle
doit jouer ici-bas est celui de destructeur des
mauvaises graines des champs et des insectes
rongeurs des moissons. Elle est indispensable,
et cependant il n'est pas d'oiseau qui soit plus
universellement poursuivi, chassé de toutes
manières, au filet, au miroir, au lacet, et
détruit en quantités si considérables, qu'on
se demande comment il en reste encore. La
Suisse est un des rares pays où elle ne soit
pas inquiétée, mais en France, en Allemagne,

en Italie, combien succombent chaque année!

En France on la chasse par tous moyens, excepté par le filet. En Italie et surtout en Sicile, elle tombe par milliers sous le feu des chasseurs. Dans cette dernière île, pendant dix jours environ à l'équinoxe d'automne, près d'un million d'alouettes venant de l'intérieur arrive sur ses côtes, et là, la population entière, le fusil à l'épaule, les attend et les abat par essaims. Dans l'Allemagne centrale on en opère la destruction avec la même ardeur.

Quand donc les gouvernements prendront-ils souci d'elle?

Les rapaces, suivant Ratzebourg, sont avant tout insectivores, et c'est parce que ce genre de nourriture n'est pas suffisamment abondant qu'ils assouvissent leur vorace appétit sur d'autres proies de plus de consistance [1]. Toutes les buses sont insectivores, la bondrée principalement et presque exclusivement.... Dans le nid des faucons on trouve les élytres des coléoptères qu'ils apportent à leur couvée.

Est-il des oiseaux nuisibles? je ne le crois pas. On a cité la pie, le geai et le pigeon ramier;

---

[1] RATZEBOURG, Hylophthyres.

mais la pie mange des mans, et est l'ennemie acharnée des chenilles de la fileuse du pin [1]. Le geai lui-même, le destructeur des couvées des petits oiseaux, recherche activement, comme la pie, la chenille de la fileuse du pin. Quant au pigeon, nuisible dans les forêts de conifères dont il mange les graines tombées à terre [2], nuisible dans les pays où l'on cultive le colza, il a cependant un côté utile : il mange, et en grande quantité, les graines d'herbes parasites qui font le désespoir du laboureur et qui empoisonnent ses terres.

Ce qu'on doit conclure de tout cela, c'est que tous les oiseaux ont leur genre d'utilité, et qu'ils ont tous droit à une sérieuse protection; qu'il est temps d'arrêter le mal en favorisant le remède; que les gouvernements doivent s'entendre pour prendre des mesures générales, européennes.... On a fait des congrès pour moins que cela.

Le pays le plus blâmable, le plus dangereux, ornithologiquement parlant, c'est l'Italie. Le plus utile et le plus progressiste, c'est la Prusse. Là, quiconque prend un rossignol ou en trou-

[1] RATZEBOURG.
[2] Idem.

ble la couvée peut être condamné à la prison où à une amende de 18 à 37 francs. Quiconque a en cage un rossignol paye annuellement un impôt de 5 écus pour les pauvres. Il est défendu de détruire les becs-fins, tous les oiseaux à bec effilé, merles, grives, etc. Il est défendu d'enlever les fourmilières, dont les œufs servent à la nourriture d'un grand nombre d'espèces [1].

En Saxe les rossignols et les becs-fins jouissent de la même protection.

En France pas la moindre disposition législative. Le rapport si pressant de M. le sénateur Bonjean [2] a été renvoyé au ministre de l'agriculture et du commerce, ce qui n'est pas le brutal coup de massue du *passé à l'ordre du jour*, mais bien, quoique avec plus de cérémonies, un enterrement en bonne forme.

Tout est remis aux préfets qui réglementent ou non cette matière, heureux encore quand ils ne suivent pas les traces de M. le préfet d'Oran, classant parmi les animaux nuisibles les *oiseaux insectivores* [3].

[1] *Journal ministériel de toute l'administration intérieure du royaume de Prusse*, publié au bureau du ministère de l'intérieur.

[2] Sénat, séance du 27 juin 1861.

[3] *Bulletin d'acclimatation*, mai 1864. Lettre de M. TURREL, délégué à Toulon.

La chasse au filet se fait encore dans les départements du nord-est de la France, dans l'ancienne Lorraine spécialement, dans le Var, les Bouches-du-Rhône, les Landes, etc., et si quelquefois c'est par tolérance qu'elle y est pratiquée, parfois aussi c'est légalement : témoin l'adjudication faite à la mairie de Champigneulles (Meurthe-et-Moselle) le 13 juillet 1873, pour six années, du droit de chasse aux petits oiseaux à l'aide d'engins dits sauterelles [1].

La loi du 3 mai 1844, bien plus faite dans l'intérêt des chasseurs que dans celui de l'agriculture, permet la chasse des oiseaux de *passage, et autorise les préfets, sur l'avis des conseils généraux, à prendre des arrêtés pour déterminer l'époque de la chasse des oiseaux de passage, autres que la caille, et les modes et procédés de cette chasse.*

Si cette loi défectueuse à tous les points de vue n'est pas revisée, pourquoi les préfets, qui en sont les applicateurs, ne seraient-ils pas forcés de donner des garanties de science cynégétique? C'est bien le moins qu'on connaisse un peu les matières qu'on est appelé à régle-

---

[1] *Bulletin de la Société d'acclimatation*, août 1873.

menter. Les forestiers allemands, plus logiques, suivent dans leurs études des cours de chasse et de braconnage pour connaître toutes les roueries du métier.

En France, malheureusement, on n'y regarde pas de si près. Qu'un préfet sache ou ne sache pas, c'est le cadet des soucis du ministre qui le nomme.

Tels sont, esquissés à grands traits, les caractères, les phases, les conditions des migrations. Je ne prétends pas avoir tout dit : c'est un sujet qui demanderait des volumes, et il resterait encore des obscurités à percer. J'ai seulement voulu donner une vue d'ensemble de ces longs et périodiques voyages auxquels sont soumises les plus charmantes, les plus utiles espèces, et montrer, en finissant, l'aveugle folie des hommes, qui, au lieu de saluer par des cris de bienvenue et de reconnaissance l'arrivée de ces bienfaiteurs ailés que conduit la main de la Providence, les déciment au contraire, et les massacrent sans pitié. Il y a quatre mille ans, l'Egypte des Pharaons rendait sacrés, déifiait les oiseaux auxiliaires, les protecteurs de l'homme ; au XIXᵉ siècle, le civilisé les tue pour les manger.

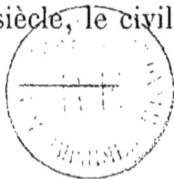

TABLE DES MATIÈRES

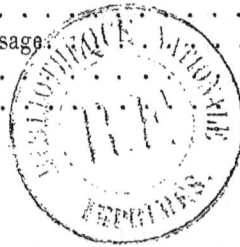

Évreux, A. Hérissey, imp. — 274

ENCYCLOPÉDIE ILLUSTRÉE DU SPORT

ÉVREUX, A. HERISSEY, imp. — 274.